U0293553

服装制作基础事典 2

关键技术全收录，让你的专业能力再升级！

郑淑玲 著

河南科学技术出版社

·郑州·

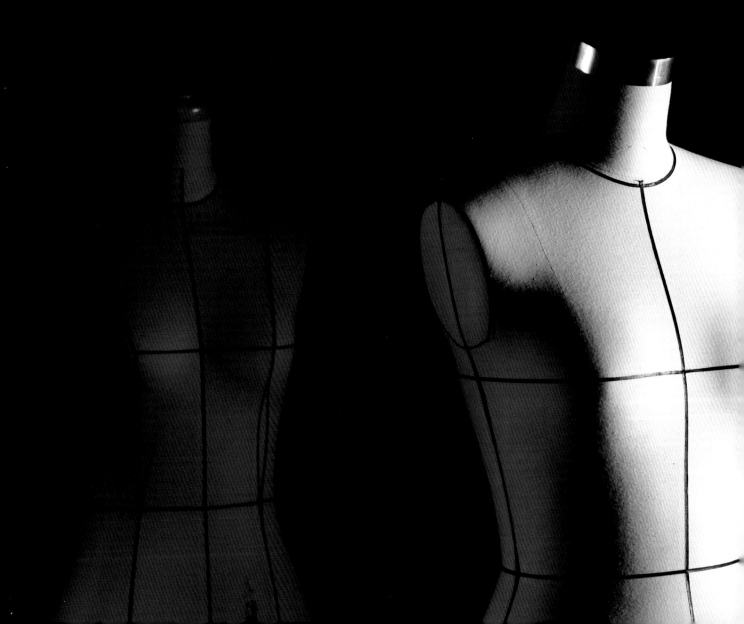

目　录

目 录

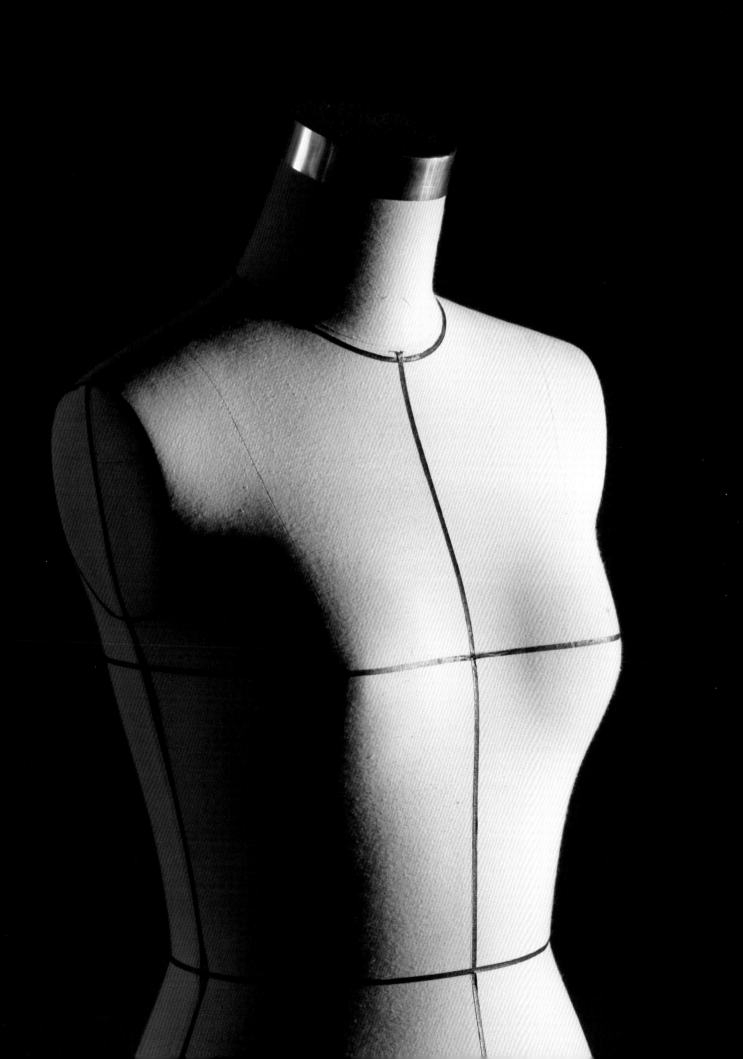

前言

　　谢谢大家对第一册《服装制作基础事典》的支持与建议，让我有机会在第二册时做些调整与修正，希望本书能帮助更多想学习服装打版与制作的朋友，以循序渐进的方式完成自己的作品。

　　第二册的内容是第一册的延伸，让看完第一册的朋友可以学到更多的打版与制作技巧。当然，已经具备基本缝纫技巧的朋友也可以直接从本书着手，依照书中的步骤就能轻松完成制作。

　　能在这么短的时间内将第二册付梓，首先要感谢姜茂顺老师的校稿与指导，也感谢心微老师的热情赞助。在内容的制作上，要特别感谢爱玟、晓静、宜静、曼姿、玫萱、明慧、筱岚、笠雯、丁洋、庭玮、东育和玠玮等同学热心参与本书的制作，以及模特儿尹亭与晓雯辛勤的协助拍摄。有大家的帮忙才能让本书顺利出版。

　　最后再次感谢城邦出版社给我的专业协助，无论是内容的规划、版面的编排，还是摄影的取景，都是本书能以最高品质呈现在读者面前的关键，也希望带给读者最好的阅读感受。

郑淑玲

郑淑玲，台湾实践大学服装设计系服装构成与制作、立体裁剪与设计讲师。拥有20年服装制作经验，总结整理出一套有条理、系统化的服装制作流程，善于提点初学者，使其避免容易犯的错误。

Part 1 / 准备工作

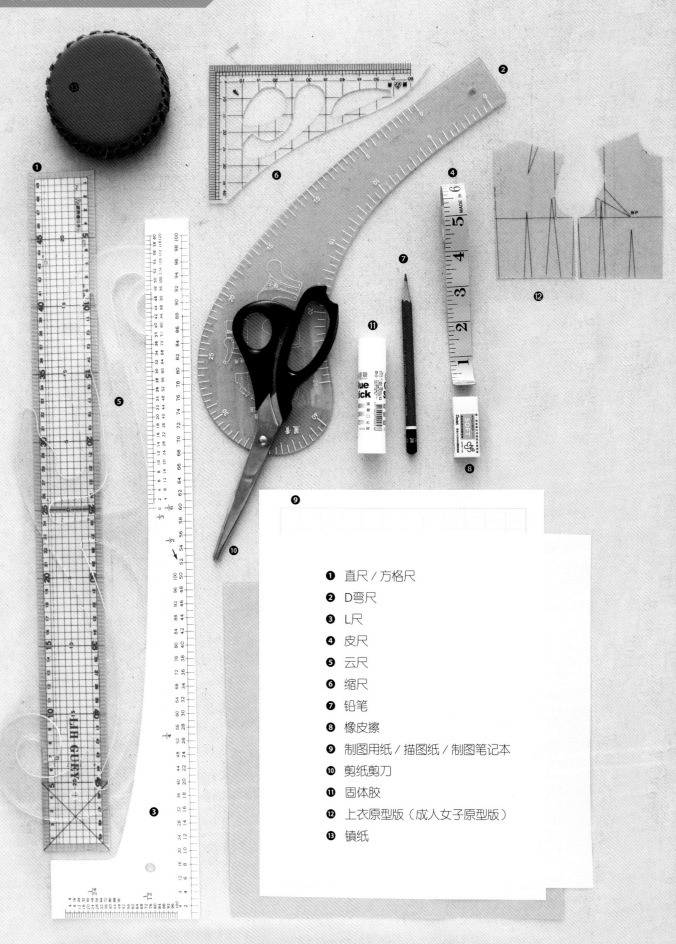

❶ 直尺／方格尺

❷ D弯尺

❸ L尺

❹ 皮尺

❺ 云尺

❻ 缩尺

❼ 铅笔

❽ 橡皮擦

❾ 制图用纸／描图纸／制图笔记本

❿ 剪纸剪刀

⓫ 固体胶

⓬ 上衣原型版（成人女子原型版）

⓭ 镇纸

L尺使用说明

1下摆线

 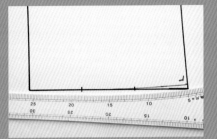

将L尺对齐胁边线，画至下摆线宽约1/3处。

再将L尺内侧弧线对合下摆线，修顺线条。

2腰围线

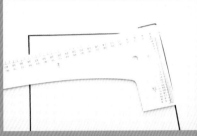 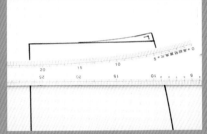 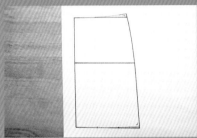

将L尺对齐胁边线，画至腰围线宽约1/3处。

再将L尺内侧弧线对合腰围线，修顺线条。

完成。

D弯尺使用说明

1裤裆线

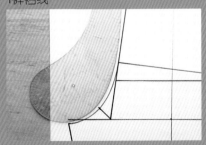

将D弯尺外围弧线对合裤裆线。

2后片领围线

将D弯尺外围弧线对合领围线。

3衣身袖窿

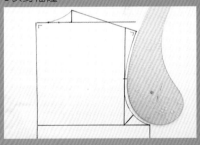

将D弯尺外围弧线对合袖窿线。

4袖子袖山

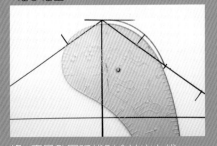

将D弯尺外围弧线对合袖山上线。

将D弯尺外围弧线对合袖山下线。

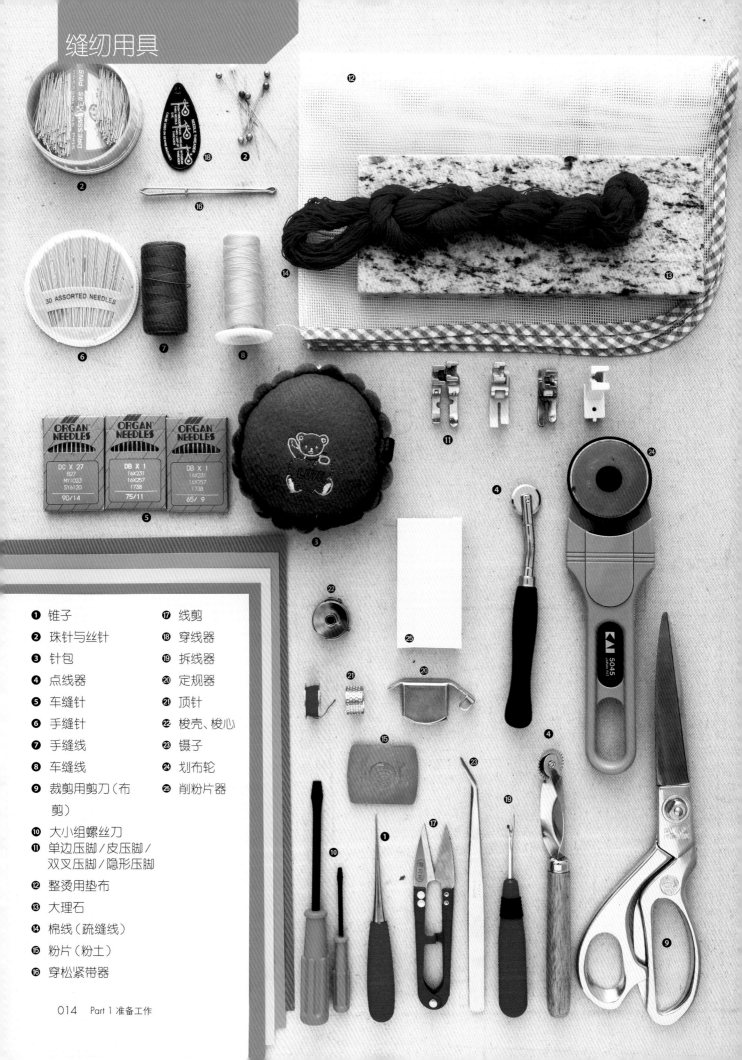

缝纫用具

- ❶ 锥子
- ❷ 珠针与丝针
- ❸ 针包
- ❹ 点线器
- ❺ 车缝针
- ❻ 手缝针
- ❼ 手缝线
- ❽ 车缝线
- ❾ 裁剪用剪刀（布剪）
- ❿ 大小组螺丝刀
- ⓫ 单边压脚／皮压脚／双叉压脚／隐形压脚
- ⓬ 整烫用垫布
- ⓭ 大理石
- ⓮ 棉线（疏缝线）
- ⓯ 粉片（粉土）
- ⓰ 穿松紧带器
- ⓱ 线剪
- ⓲ 穿线器
- ⓳ 拆线器
- ⓴ 定规器
- ㉑ 顶针
- ㉒ 梭壳、梭心
- ㉓ 镊子
- ㉔ 划布轮
- ㉕ 削粉片器

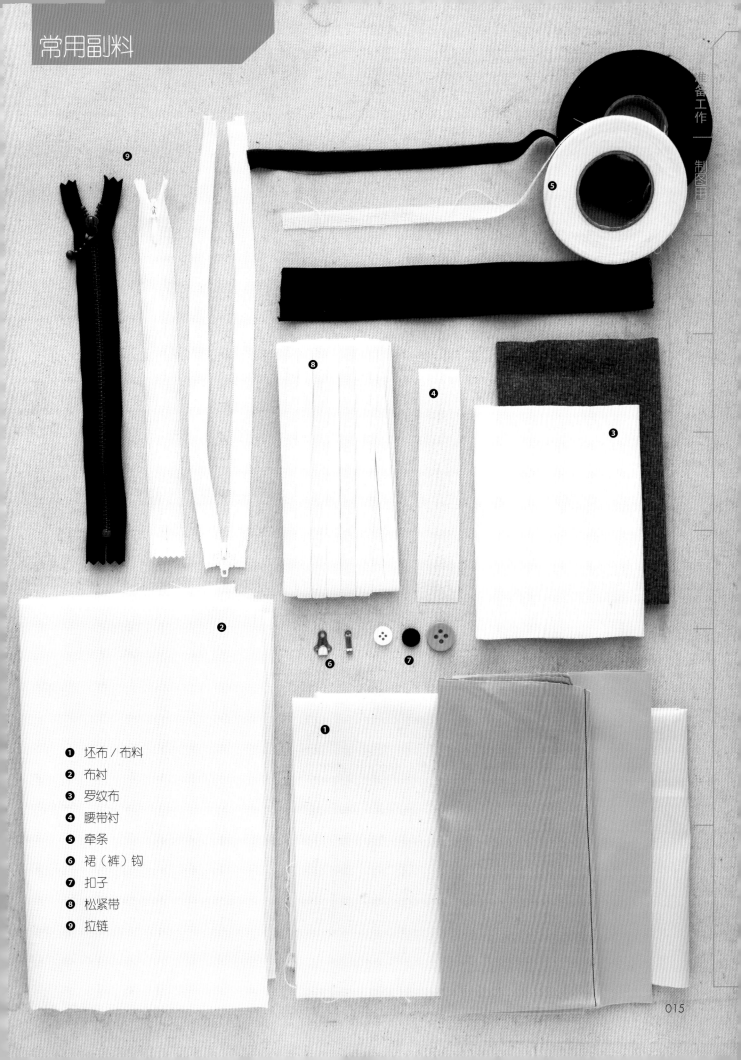

❶ 坯布 / 布料
❷ 布衬
❸ 罗纹布
❹ 腰带衬
❺ 牵条
❻ 裙（裤）钩
❼ 扣子
❽ 松紧带
❾ 拉链

各部位名称

简称	说明文字
B/BL	胸围Bust/胸围线Bust Line
UB	乳下围Under Bust
W/WL	腰围Waist/腰围线Waist Line
H/HL	臀围Hip/臀围线Hip Line
MH/MHL	腹围Middle Hip/腹围线Middle Hip Line
EL	肘线Elbow Line
KL	膝线Knee Line
BP	乳尖点Bust Point
FNP/BNP	颈围前／后中心点Front /Back Neck Point
SNP	侧颈点Side Neck Point
SP	肩点Shoulder Point
AH	袖窿Arm Hole

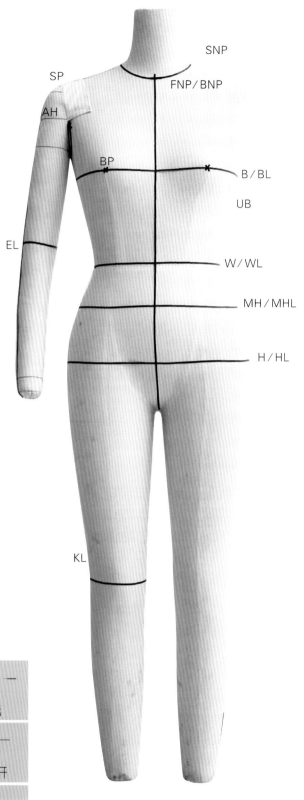

制图符号说明

直角记号	直布纹记号	斜布纹记号	贴边线
箱褶记号	纸型合并记号	折双线	折叠剪开
伸烫记号	缩缝记号	缩烫记号	单褶记号
等分记号	顺毛方向	衬布线	重叠交叉记号

裙裤纸型说明

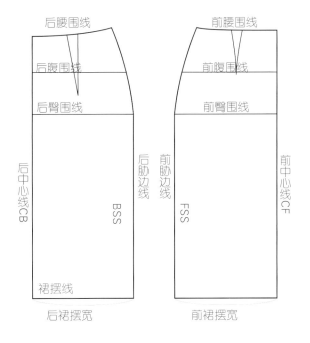

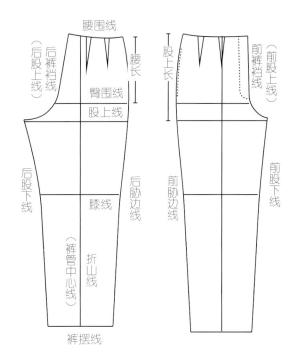

后腰围线
后腹围线
后臀围线
后中心线CB
BSS
后胁边线
裙摆线
后裙摆宽

前腰围线
前腹围线
前臀围线
FSS
前胁边线
前中心线CF
前裙摆宽

腰围线
后股上线（后裤裆线）
臀围线
股上线
腰长
后股下线
后胁边线
膝线
折山线
（裤管中心线）
裤摆线

股上线
前股上线（前裤裆线）
前胁边线
前股下线

上衣纸型说明

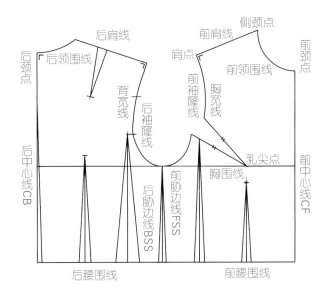

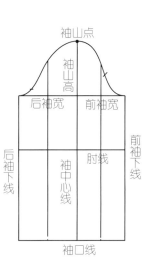

后肩线
后领围线
后颈点
背宽线
后袖窿线
后中心线CB
后胁边线BSS
后腰围线

前肩线
侧颈点
肩点
前领围线
前颈点
前袖窿线
胸宽线
乳尖点
前中心线CF
前胁边线FSS
胸围线
前腰围线

袖山点
袖山高
后袖宽
前袖宽
后袖下线
前袖下线
肘线
袖中心线
袖口线

准备工作

制图用具

缝纫用具

常用面料

快速看懂纸型

量身方法

服装制作十大流程总览

量身方法

周围量法

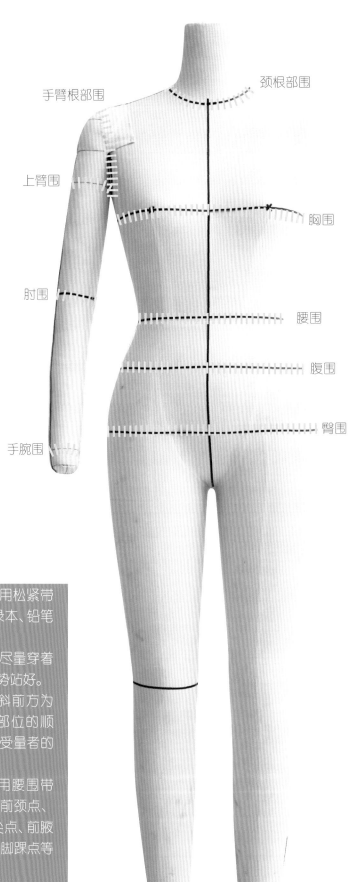

手臂根部围
颈根部围
上臂围
胸围
肘围
腰围
腹围
臀围
手腕围

- 量身前须准备腰围带（可用松紧带代替）、标示带、皮尺、记录本、铅笔等。
- 为求量身精确，受量者应尽量穿着轻薄合身的服装，以自然姿势站好。
- 量身者站立于受量者右斜前方为佳，并于量身前预估量身部位的顺序，在量身时也要注意观察受量者的体型特征。
- 量身前先在受量者身上用腰围带标出位置，再用标示带点出前颈点、侧颈点、后颈点、肩点、乳尖点、前腋点、后腋点、肘点、手腕点和脚踝点等位置。

宽度量法

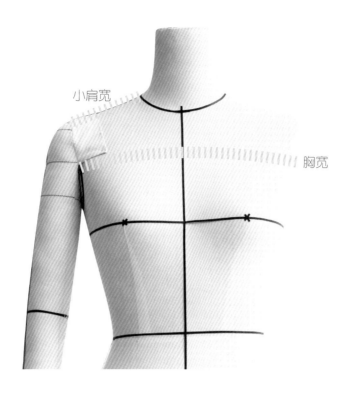

小肩宽

胸宽

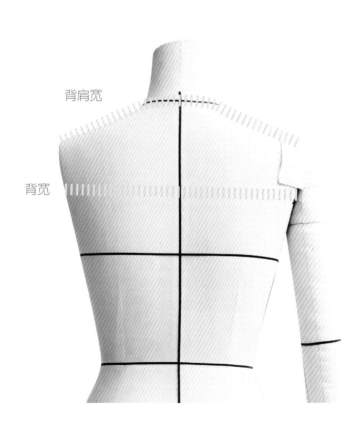

背肩宽

背宽

长度量法

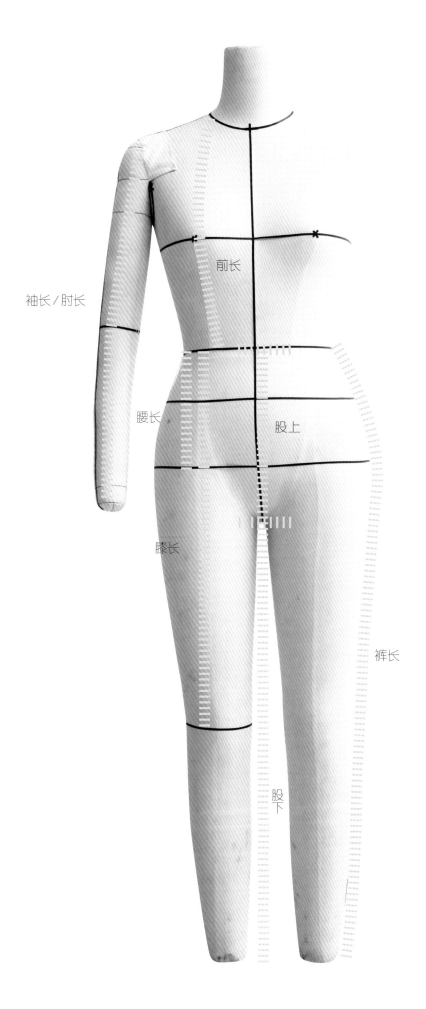

袖长/肘长

前长

腰长 股上

膝长

裤长

股下

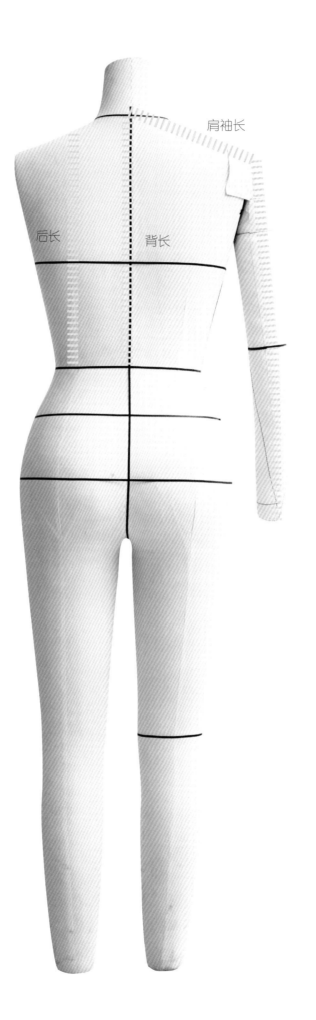

肩袖长

后长　　　背长

服装制作十大流程总览

step 1 收集资料

针对对象或制作目的之需要，搜集流行信息与市场资料，进行打版款式的分析与企划活动。

step 2 确认款式

确认所要打版的服装款式，绘制平面图，应包括衣服正、反两面，剪接线、装饰线、扣子与口袋位置、领子、袖子等细节式样。绘制的尺寸比例应力求精确，有利于后续打版流程的顺利进行。

step 3 量身

依照打版款式所需的各部位尺寸进行精确的量身工作。

step 4 打版

根据平面图与量身所得尺寸，将设计款式绘制成平面样版；打版完的制图称为原始版或母版，应保留原始版以利之后版型的修正或检视。

step 5 分版

打版完成后要先分版，如窄裙分版有前片、后片和腰带共三个版型，纸型上要确认各分版的名称、纸型布纹方向、裁片数、拉链止点、褶子止点或对合记号位置，以及各部位缝份尺寸、拷克位置。

POINT | 有弧度的线条如腰围线、袖窿和领围线缝份留1厘米，直线如肩线、胁边线缝份可留1.5~2厘米；下摆线则视款式而定，下摆为直线的缝份留3~4厘米，弧度大的下摆缝份留少些，1.5~2.5厘米即可。

step 6 坯衣制作和修版

正式制作前，先用坯布裁布，车粗针（针距大一些）试穿。坯衣试穿的目的是检视衣服的线条、宽松度及各部位的比例是否恰当，若发现有不理想的地方立即修正纸型。

step7
排版裁布和做记号

用布量计算

打版完成后要计算该款式的用布量，用布量依款式、体型和布幅宽来计算。款式越宽松，长度越长，用布量就越多，体型丰满的比体型瘦小的用布量也会较多。一般购买布料的通用单位是米（m）和尺*。

POINT | 买布时需要注意，单幅就是窄幅，织布宽较窄；双幅就是宽幅，织布宽较宽。所以在购买同一款式的布料时，单幅所需的长度会比双幅长。单幅（窄幅）：一般是指72厘米、90厘米、114厘米的布幅宽。双幅（宽幅）：一般是指144厘米以上的布幅宽。

布料缩水和整烫

在裁剪布料前，应视布料种类来做缩水和整烫处理，一般需要缩水的布料为棉麻织品，将布料浸水后取出阴干，不可烘干或暴晒；另外，熨烫的目的是整布，要使经纬纱垂直，布面平整不变形。

POINT | 熨烫布料的温度依材质有所不同。棉麻织品以高温熨烫，温度为160~180℃。毛织品可先用喷雾方式将布料喷湿，隔空熨烫温度为150~160℃。丝织品可直接干烫，不须缩水，温度为130~140℃。人造纤维品采用低温熨烫，温度为120~130℃。

排版

排版时应注意对正纸型与布的布纹方向，以节省布料为原则，先排大片纸型，再于空当处排入小片纸型。在有方向性图案的布料上（如绒布）排版时，须注意图案的连续性，不可将纸型倒置裁剪，且要注意左右两片对称。

裁布

裁剪前应先以石镇或珠针固定纸型和布，再依照记号线准确裁剪，避免歪斜而使上下两片产生误差。

step8
烫衬

烫衬可增加布料的硬挺度并提高布料的耐用度，具有防止拉伸的定型功能。一般常见的有毛衬、麻衬、棉衬和化纤黏合衬（洋裁衬），以上除化纤黏合衬须熨烫固定外，其余三种皆以手缝固定为主。通常用于领子、贴边、口袋口、拉链两侧、袖口布和外套的前衣身等。

POINT | 烫衬的主要条件
　　　　1.温度
　　　　2.时间
　　　　3.压力
　　　　4.衬的黏性

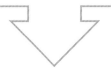
step9
拷克

拷克的目的是防止布料散边并保持裁边的完整性，方便车缝。通常拷克的位置为胁边线、剪接线、肩线和须手缝的下摆线，而腰围线、领围线和袖窿线则不需要拷克。

POINT | 腰围线的缝份会被腰带或贴边盖住，领围线的缝份会被领子或贴边缝住，袖子袖窿线的缝份则是先和衣身车缝后再一起拷克，以减少厚度，因此这些部位不需要拷克。

step10
依序车缝

每件服装款式不同，制作顺序也会略有不同。本书于每件示范作品的"缝制sewing"页面中，列出了车缝的流程顺序。

---

*尺为非法定长度单位，考虑到行业习惯，本书保留。3尺为1米（m），1尺约33厘米（cm）。

Part 2 / 关键缝纫技法

- A手缝针法
- B缝份处理
- C重点部分缝纫

A 手缝针法

本节内容为分步演示的手缝针法，示例中采用的是府绸布和坯布，因不易分辨布料正反面，故请看图片上的标记，以便缝制。

｜锁链缝｜

针法运用

1.在有衬里的裙子或洋装上，锁链缝的用途是在胁边固定表里布。

2.可应用在洋装或上衣腰围胁边处，穿腰带或绳线。

3.做成一个环可当作扣襻来扣扣子。

❶在表布下摆往上4～5cm胁边处起针，拉成一个圈。

❷左手拉圈，右手拿针。针不能穿过线圈，左手只拉线。

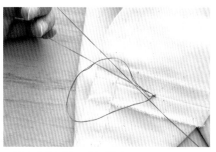

❸将小圈拉紧，重复数次。

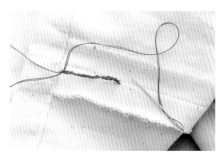

❹拉至4～5cm长。

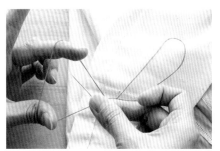

❺将针穿过线圈。

❻拉紧就会打结。

（反）

❼对合里布位置，缝在里布胁边上，打结后完成。

| 贯穿止缝 |

针法运用

又称虫缝,可应用于开叉止点上。

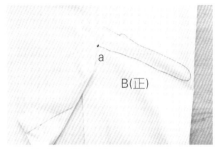

❶手缝线双线打结,在开叉止点右边0.25cm处(a点)起针。

❷将双线分开放于手缝针的两侧。

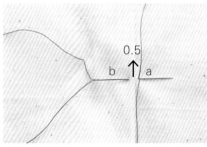

❸在开叉止点左边0.25cm处(b点)入针,再由a点出针,但勿将针拉出,露出一小段针即可。

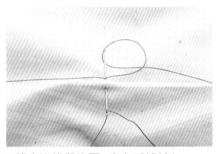

❹将右边线段绕圈,套在手缝针上。

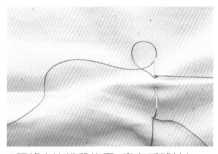

❺再将左边线段绕圈,套在手缝针上。

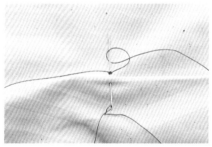

❻如此依序先右后左绕圈,套在手缝针上,约0.6cm长(比虫缝完成宽多1~2针)。

❼左手压住虫缝针迹,右手将手缝针拉出,再从b点入针至反面打结。

❽完成。

| 缝平眼扣眼 |

针法运用

扣眼有线扣眼、布扣眼两种，依布料厚薄和扣子大小，又分平眼扣眼和凤眼扣眼。一般款式和布料适合开平眼扣眼，而外套布料较厚，扣子也较大，所以适合开凤眼扣眼。本书介绍的手缝平眼扣眼，适用于裙子、裤子、衬衫和洋装上。

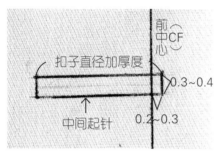

❶在衣服的扣眼位置上标出扣眼的长度和宽度。从扣眼中心位置，细针车缝一圈。
POINT | 扣眼位置是从中心线外0.2～0.3cm往内标示扣眼长度，扣眼长度是扣子直径加厚度，扣眼宽度约0.3～0.4cm。

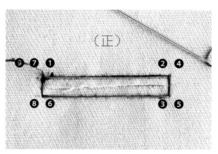

❷准备缝线，按❶～❾的顺序沿着车缝线缝在边线上，再从中心剪开。
POINT | 缝线不打结，由1起针后留一段线，依序缝出边线；剪开布面时，要上下等宽。

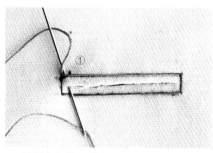

❸手缝针由剪开的扣眼入针，由❶出针。将手缝线逆时针绕手缝针一圈。

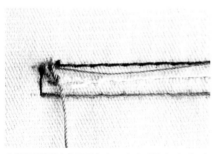

❹将手缝针往下拉出，在扣眼中心会产生一小颗结粒。

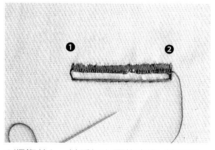

❺紧靠着上一针重复上面的步骤，缝至❷。

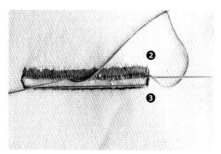

❻在❷和❸之间重复同一动作约3针。

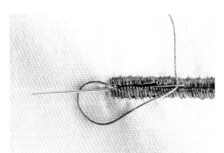

❼依序重复一样动作，绕完扣眼一圈。
POINT | 所有小结粒都会在扣眼的中心位置，拉力要均匀，入针出针都要细心，才能缝出上下等宽的扣眼缝线。

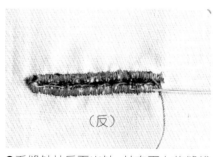

❽手缝针从反面出针，从布面上的缝线中横穿两三圈后将线剪断，不打结。

❾完成。

｜缝裙（裤）钩｜

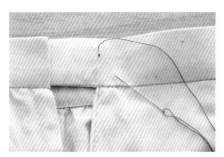

❶标示出裙钩的位置，由腰带正面起针。

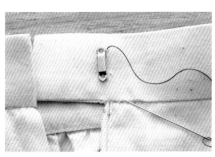

❷将裙钩置于起针处。

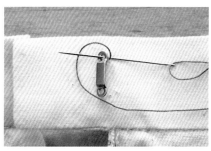

❸手缝针穿入裙钩孔中，将手缝线绕手缝针一圈。

❹往外拉出手缝针，会产生小结粒，使小结粒环绕在裙钩的外围。

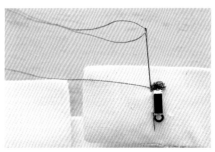

❺重复上面的步骤，使小结粒绕裙钩一圈，再由表里腰带中间往下面的裙钩孔旁出针。

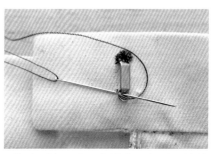

❻依序重复❸和❹的动作，直到小结粒绕裙钩一圈。

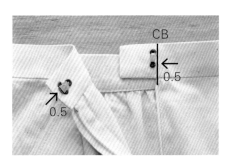

❼完成。

B 缝份处理

一般成衣最常见的内部缝份处理法是拷克，但有些材料不适合拷克（如雪纺纱），有些则是为求制作上的精细度（如高级订制服装）不做拷克，而采用一些其他的缝份处理法，下面将一一介绍。

| 滚边法 |

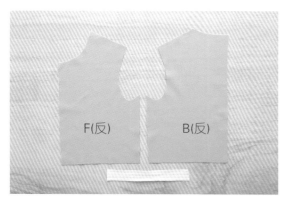

裁片

F前片X 1

B后片X 1

滚边布X 1

❶前后片正面相对车缝胁边完成线，胁边缝份约留0.7~1cm。

❷滚边布与缝份车缝0.5cm。

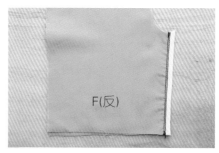

❸滚边布折入，落机车缝。

❹亦可将滚边布四等分折烫，直接夹住胁边缝份，压0.1cm固定。成衣为求快速，多用此方法。

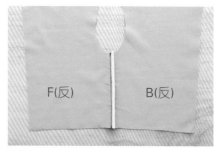

❺缝份倒向B片，完成。

| 端车缝 |

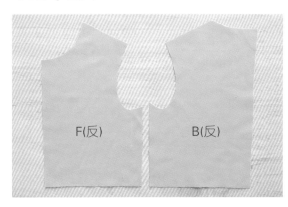

裁片

F前片×1

B后片×1

❶前后片正面相对车缝完成线，缝份留1.5~2cm。

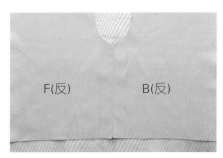

❷缝份烫开。

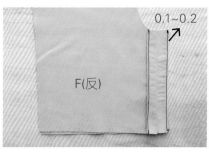

0.1~0.2

❸前后缝份分别折入0.5cm，车0.2cm。
POINT | 注意勿车到表布，表布正面才不会有装饰线。

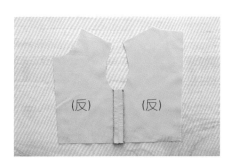

❹完成。

| 包边法 |

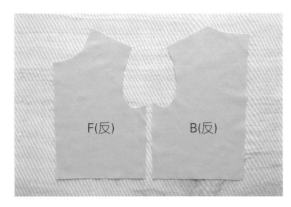

裁片
F前片X 1
B后片X 1

❶前后片正面相对车缝完成线。

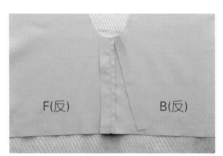

❷修剪后片缝份，留0.5～0.7cm，前片缝份宽1～1.5cm。
POINT | 缝份宽度影响包边的宽度和正面装饰线的位置。

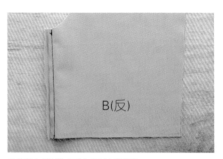

❸前片缝份包住后片缝份。

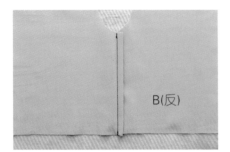

❹缝份倒向后片，假缝固定后车缝。
POINT | 正面会有一道距完成线0.5～0.7cm的装饰线。

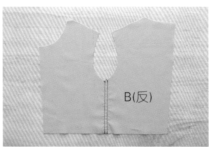

❺完成。（反面图）

| 袋缝 |

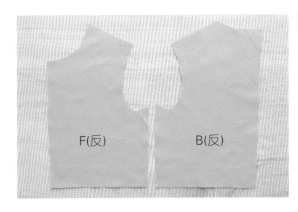

裁片
F前片X 1
B后片X 1

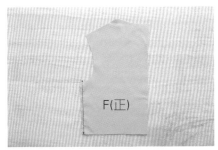

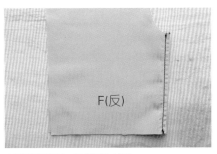

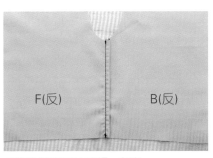

❶前后片反面相对，车缝正面胁边缝份 0.3～0.4cm。
POINT | 胁边缝份留1cm。

❷翻至反面，车缝完成线。
POINT | 袋缝完成宽约0.5cm，注意不能车到内部缝份，以免正面会看见外露的缝份。

❸缝份倒向后片整烫，完成。
POINT | 袋缝法多应用在透明布料上。

C 重点部分缝纫

本节内容为分步演示的重点部分缝纫，示例中采用的是府绸布和胚布制作，因不易分辨布料正反面，故请看图片上的标记，以便缝制。

| 宽口袋 |

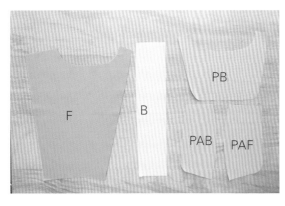

裁片

F前片×1

B后片×1

PB口袋布×1

PAF口袋布前片×1

PAB口袋布后片×1

❶口袋布PB袋口缝份修掉0.2cm，与前片正面相对，车缝口袋布PB完成线。

POINT | 口袋布PB袋口缝份修掉0.2cm，目的是让车缝线退入袋口内，不外露。

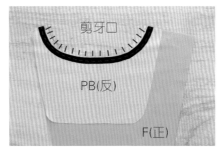

❷袋口缝份剪牙口。

POINT | 弯曲度越大，牙口间距越小，牙口深度为完成线外0.2cm。

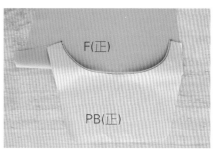

❸口袋布PB与缝份压0.1cm装饰线。

❹自前片正面和口袋布PB一起压缝0.5cm装饰线。

❺口袋布PAF和PAB正面相对对合胁边线，车缝完成线。

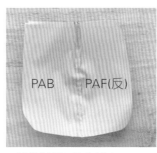

❻缝份烫开，各自拷克。

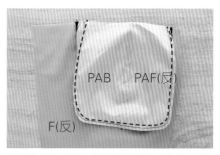

❼将步骤6所完成的部分与口袋布PB对合袋口记号点，再车缝口袋布完成线。

❽口袋布合拷。

POINT | 此处也可以使用袋缝法，更为美观。

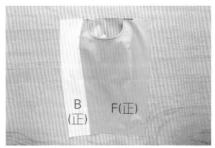

❾前片和后片车缝剪接完成线。

❿完成。

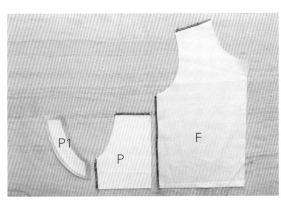

| 贴式口袋 |

裁片

F前片×1
P口袋布×1
P1口袋贴边×1

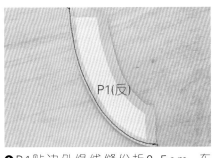

❶P1贴边外缘线缝份折0.5cm，车0.1cm。

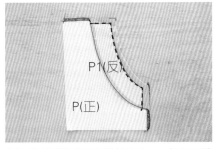

❷P1贴边袋口缝份修掉0.2cm，与P口袋布正面相对，车缝P1贴边完成线。

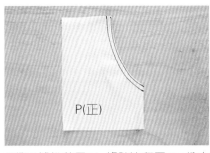

❸袋口缝份剪牙口，将贴边翻至P口袋布反面，整烫后自P口袋布正面在距边缘0.1cm和0.5cm处分别车装饰线。

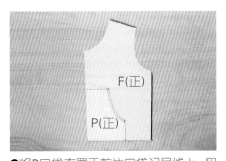

❹将P口袋布置于前片口袋记号线上，假缝后再车缝固定。
POINT | 袋口勿车缝。

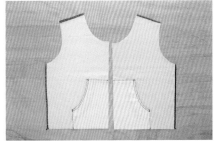

❺做完右片口袋，再做左片。

❻车缝前开拉链。
POINT | 此样本直接车缝全开拉链，本书中的帽领背心（p.164）还要加上罗纹下摆。

❼完成。

| 双滚边口袋 |

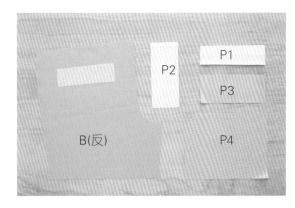

裁片

B后片×1

P1口袋滚边布下片×1

P2口袋滚边布上片×1

P3贴边×1

P4口袋布×1

❶P1与B后片口袋口位置对合,正面相对车缝0.5cm。

POINT | 车缝口袋口长14cm,左右缝份不车。

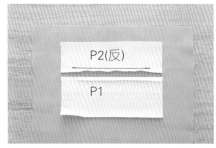

❷将P1缝份往下折烫,P2置于P1上方,对齐后车缝,缝份宽0.5cm。

POINT | 两条平行的缝线宽为口袋口完成宽度,即1cm,上下滚边宽各0.5cm。

❸上下缝份烫开。

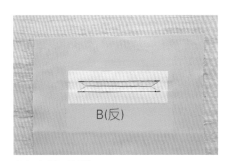

❹左右剪Y字形。

POINT | 剪Y字形时,要刚好剪到口袋止点。若剪过头,布面会破洞;未剪到止点,滚边布会翻不过去。

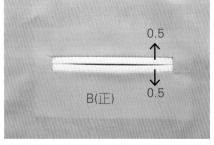

❺将滚边布上下片往袋口内翻入,烫出上下各0.5cm的滚边宽,左右三角布也往内烫。

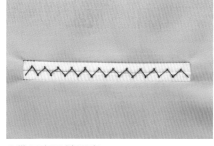

❻袋口交叉缝固定。

POINT | 交叉缝的目的是固定滚边布上下片,避免开口笑(即袋口张开)。

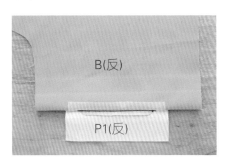

❼将B后片往上翻,车缝P1与缝份。

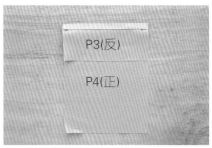

❽P3与P4正面相对车缝完成线1cm。

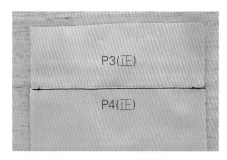

❾缝份倒向P4,压0.1cm装饰线。

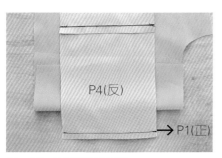

❿P4与P1正面相对车缝1cm。

⓫缝份倒向P4，压0.1cm装饰线，修剪P2上方缝份，留下1.5~2cm。

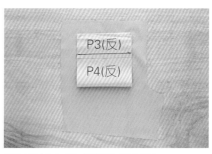

⓬将P3往上拉，与P2上缘对齐。

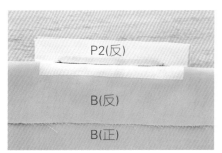

⓭B后片往下翻，将P2、P3和缝份车缝固定。

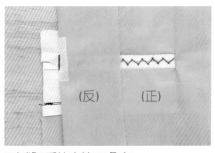

⓮车缝B后片左边三角布。
POINT｜从袋口上方车至下方，即Y字的上下两点。

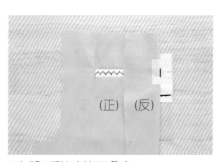

⓯车缝B后片右边三角布。

⓰车缝口袋布0.5cm。

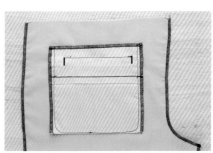

⓱口袋布三边拷克。

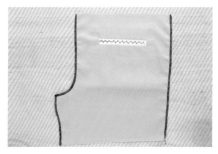

⓲完成。

| 贴边式剪接口袋 |

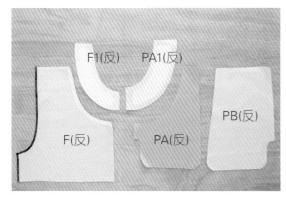

裁片

F前片×1

B后片×1（图略）

F1前片袋口贴边×1

PA1口袋口布×1

PA口袋布×1

PB口袋布×1

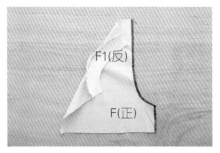

❶F1与F正面相对车缝F1完成线。

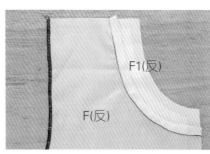

❷缝份倒向F1。

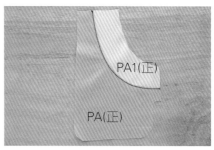

❸PA与PA1正面相对车缝完成线，缝份倒向PA，压0.1cm装饰线。

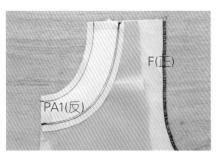

❹将PA1袋口缝份修剪0.2cm，PA1与F1正面相对车缝PA1完成线。

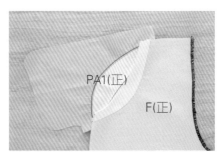

❺缝份剪牙口，缝份倒向PA1，压0.1cm装饰线。

❻PA1往反面推入，自正面袋口压0.1cm装饰线，贴边落机车缝。

POINT│沿着正面贴边缝线车缝，以便固定反面缝份，即为落机车缝。

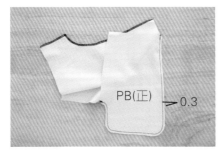

❼PB与PA反面相对，车缝正面，缝份0.3cm。

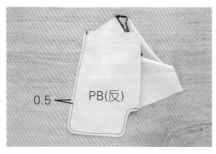

❽PB与PA翻至反面，在反面压缝0.5cm。

POINT│此做法为袋缝，将缝份藏在车缝线内。

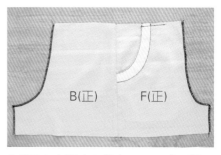

❾袋口上方固定口袋布0.5cm，与后片B车缝胁边，完成。

| 剪接式口袋 |

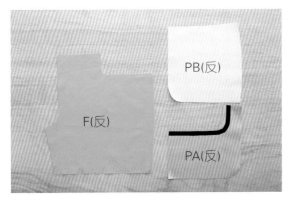

裁片

F前片×1
PA口袋布×1
PB口袋布×1

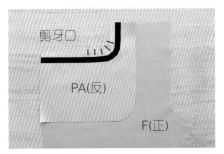

❶PA袋口缝份修剪0.2cm,和F前片正面相对车缝完成线,缝份剪牙口。

❷袋口缝份倒向PA,压0.1cm装饰线。

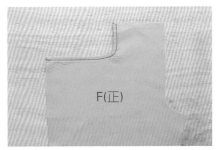

❸PA翻到F前片反面,由正面袋口压缝0.5cm。

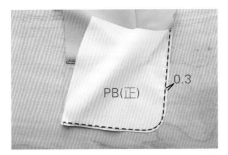

❹PB和PA反面相对,由正面车缝0.3cm。

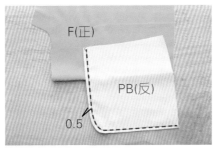

❺将口袋布翻回反面,整烫后自反面车缝0.5cm。

POINT | 缝份藏在接缝线内,此做法为袋缝。

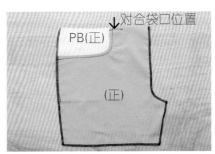

❻对合袋口位置,自腰围线和胁边线车缝固定口袋布,完成。

| 国民领 |

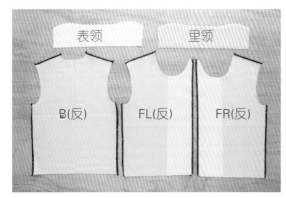

裁片

F前片（含贴边）×2

B后片×1

表领×1

里领×1

❶里领缝份0.2cm。

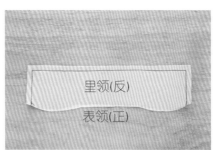

❷表领和里领正面相对，车缝里领完成线。

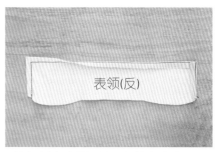

❸缝份倒向表领，烫出表领完成线。

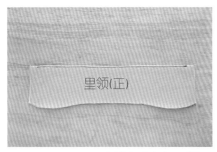

❹翻至正面，上端缝份倒向里领压0.1cm。

POINT | 正面看不见车缝线，只压里领与缝份。

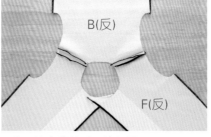

❺前后片肩线缝合，缝份烫开。

❻领子对合前后中心。

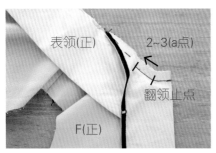

❼前片贴边翻折，车缝完成线至翻领线上2~3cm（a点）。

POINT | 此段车缝固定贴边、表里领和前片，共四层布。

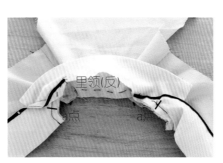

❽左右贴边自a点与表领车缝完成线。

POINT | 在a点剪牙口后，表里领各自与贴边和衣身车缝。

❾里领自a点与衣身车缝完成线，缝份剪牙口，缝份倒向领子。

❿表领缝份折入盖住车缝线，单线斜针缝固定。

⓫完成。

| 单层帽领 |

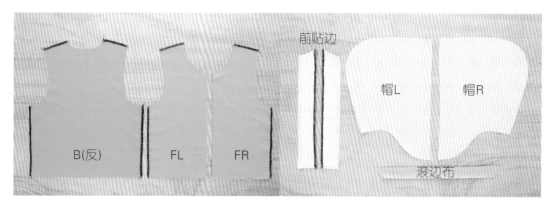

❶帽L、帽R正面相对，车缝完成线。

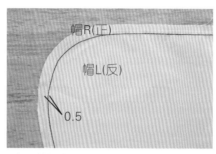

❷帽L缝份修剩0.5cm。

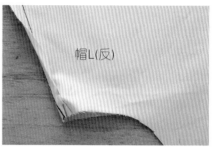

❸帽R缝份包住帽L，假缝固定。

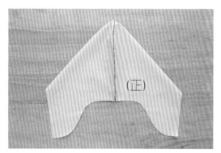

❹自正面压缝装饰线0.5～0.7cm，固定背面缝份。

POINT | 缝份大包小压缝，正面会有装饰线，此缝法即为包边缝。

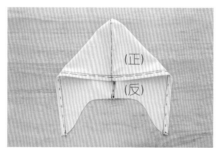

❺帽口缝份二折三层，假缝后车缝。

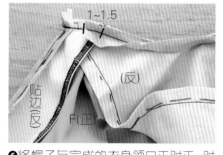

❻将帽子与完成的衣身领口正对正，对合完成线。前片贴边往衣身正面翻折盖住帽子前端。在贴边上放滚边布，与贴边重叠1～1.5cm。衣身、帽子、贴边、滚边布四层假缝后车缝完成线，再剪牙口、修缝份。

POINT | 此步骤省略全开拉链的缝法，只介绍帽子与衣身的车缝法。

❼车缝装饰线固定衣身与滚边布。

❽完成。

| 双层帽领 |

双层帽领裁片与单层相同，只是多了两片里帽，里帽的帽口要扣除表帽口缝份折入后的量。

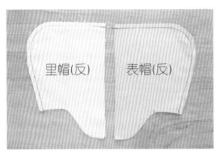

❶里帽左右两片正面相对车缝完成线，表帽左右两片正面相对车缝完成线，缝份烫开。

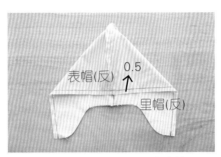

❷表里帽正面相对车缝帽口完成线。

❸缝份倒向里帽，压缝0.1cm。

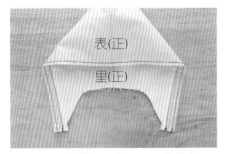

❹翻至正面整烫后压缝0.5cm装饰线。

❺将帽子翻至反面，在剪接线后端处将表里帽缝份车缝0.5cm固定。

❻将帽子置于衣身上，放上滚边布。
POINT | 做法与单层帽相同，亦可不用滚边做法，直接将里帽的缝份折入，包住领口缝份后，以手缝或车缝固定。

❼滚边布假缝后车缝固定。

❽完成。

| 平领 |

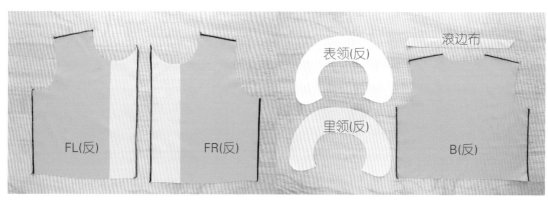

裁片
F前片（含贴边）
×2
B后片×1
表领×1
里领×1
滚边布×1

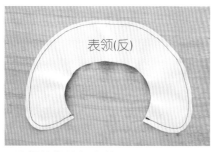

❶里领外缘缝份修剪0.2cm，表里领正面相对，车缝里领完成线。
POINT | 领子缝份修剪0.2cm，这样表领大、里领小会膨起，目的是使车缝线往内推入，不外露。

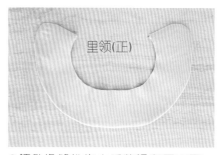

❷领外缘缝份修小后整烫翻至正面。（领外缘车缝线会推入里领处，从表领正面看不见车缝线。）

❸前后片车缝肩线，缝份烫开。

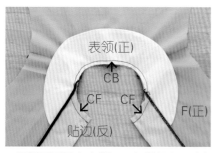

❹将领子置于衣身领口，表领朝上，对合前后中心和肩线，贴边往正面翻盖住领子，车缝0.5～0.7cm（可先固定领子以便车缝）。

❺将滚边布置于贴边上，与贴边重叠1.5～2cm，假缝固定。自贴边前中心车缝领口完成线，修缝份，剪牙口。

❻将滚边布包住缝份，假缝固定缝份再压装饰线。

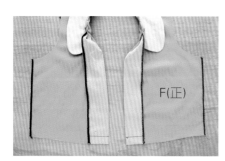

❼车缝前中心贴边下摆。

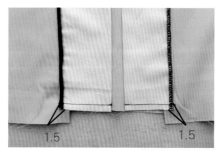

❽修剪缝份。
POINT | 下摆与贴边缝份为1.5cm。

❾车缝前后胁边，缝份烫开。

F(反)

❿下摆二折三层车缝。

⓫完成。

| 立领 |

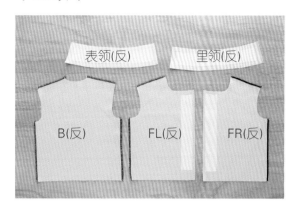

裁片

F前片（含贴边）×2

B后片×1

表领×1

里领×1

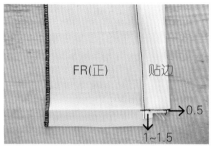

❶将前片贴边往正面翻折，车缝下摆完成线，修缝份。

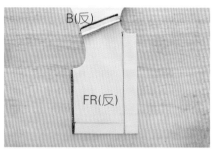

❷贴边翻至反面，前后肩线缝合。

❸肩线缝份烫开。

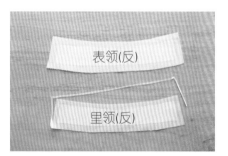

❹里领缝份修剪0.2cm。

❺表领和里领正面相对，车缝里领完成线。

❻缝份剪牙口，将缝份倒向里领压缝0.1cm。

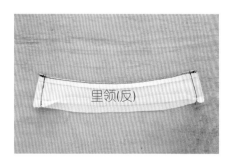

❼表里领正面相对，车缝两侧完成线。

❽领子翻至正面，表领与衣身领口正面相对，车缝完成线后，修缝份，剪牙口。
POINT｜领子对合衣身前中心、后中心和肩线。

❾里领盖住缝份（缝份倒向领子），假缝后从正面落机车缝，完成。
POINT｜里领缝份也可用单线斜针缝固定。

| 后开衩 |

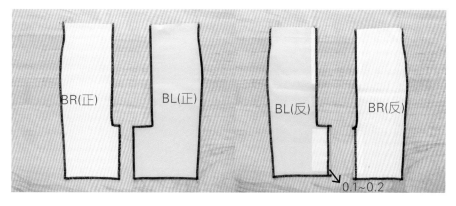

裁片

BL后左片×1

BR后右片×1

POINT | BL和BR开衩缝份处折0.5cm，车缝 0.1~0.2cm（端车缝）。

0.1~0.2

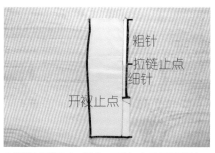

❶预烫开衩完成线，两片布正面相对，拉链止点以上车粗针，拉链止点以下至开衩止点车细针。

POINT | 拉链止点以上车拉链。

粗针
拉链止点
细针
开衩止点

❷再从开衩止点斜向45°车缝至开衩叠份。

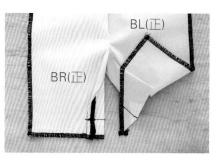

❸将BR开衩贴边往正面折烫，车缝下摆完成线。将BL开衩叠份折45°，车缝下摆缝份宽的两倍。

❹修缝份。

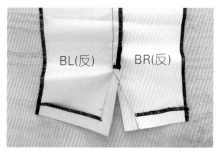

❺下摆处翻至正面，BR下摆缝份呈直角，BL缝份呈45°。

❻下摆缝份千鸟缝，完成。

| 暗门襟（门襟下摆未固定）|

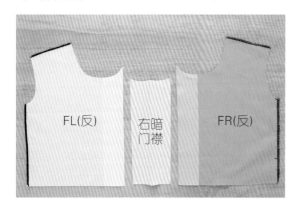

裁片
FL左前片（含贴边）×1
FR右前片（含贴边）×1
右暗门襟×1

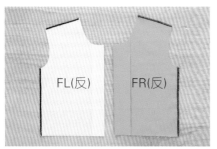

❶前贴边缝份先折烫完成线（预烫）。

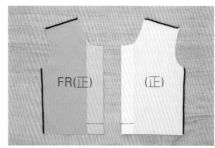

❷前贴边往正面折烫，车缝下摆。

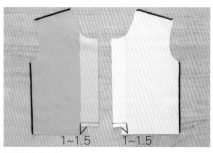

1~1.5　1~1.5

❸缝份修小。

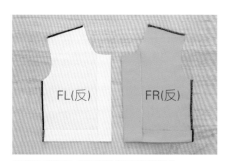

❹翻至反面，整烫处理下摆缝份。

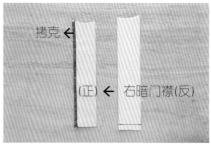

拷克←

（正）← 右暗门襟（反）

❺右暗门襟正面朝内对折，车缝下摆完成线，翻至正面后合拷缝份。

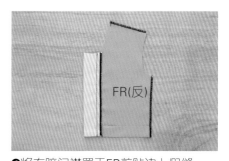

❻将右暗门襟置于FR前贴边上假缝。

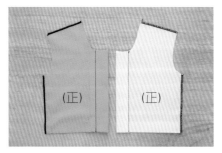

❼从正面车缝装饰线，固定右暗门襟。

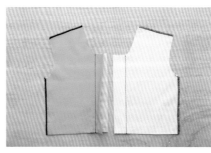

❽完成。

| 暗门襟（门襟下摆车缝固定）|

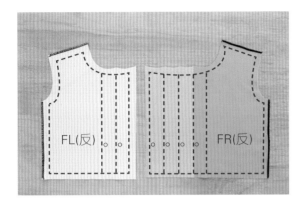

裁片

FL左前片（含贴边）×1

FR右前片（含暗门襟）×1

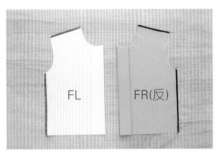

❶折烫FL贴边和FR暗门襟完成线。

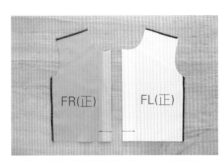

❷将FR暗门襟的贴边线往正面折烫，车缝下摆完成线。FL将前贴边线正面折烫，车缝下摆完成线。

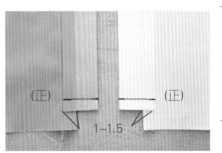

❸修剪缝份。

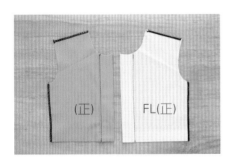

❹缝份往反面折烫，下摆二折三层车缝前门襟装饰宽。

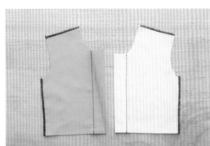

❺完成。

｜塔克制作｜

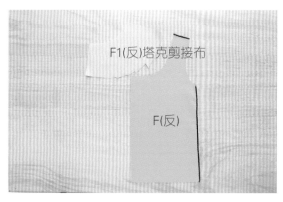

裁片

F前片×1

F1塔克剪接布×1

方法1

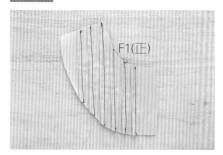

❶自F1正面折烫塔克（褶子）后车缝，塔克倒向胁边。

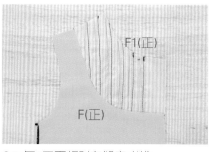

❷F1与F正面相对车缝完成线。

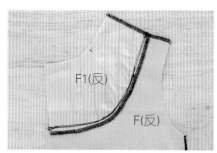

❸缝份合拷，倒向F片。

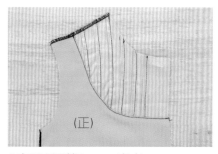

❸自正面压缝0.1cm，完成。

方法2

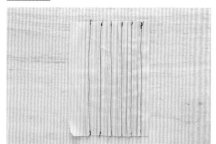

❶在粗裁的布上先预车塔克。

❷再将塔克纸型（即完成尺寸）置于塔克上裁布。

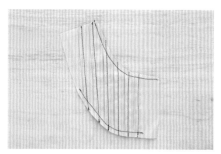

❸车缝上下缝份固定塔克。

| 后接松紧带 |

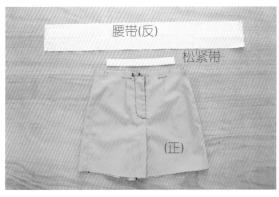

裁片

拉链完成后的裤身×1

腰带×1

松紧带×1

❶腰带和裤子腰线正面相对对合前后中心与胁边线，车缝完成线外0.1cm（腰带衬的厚度）。

❷松紧带与前片左右腰带衬重叠0.5cm，车缝0.25cm。

❸将松紧带拉至与后腰带同长，车缝松紧带中央位置。

POINT | 拉伸力度要均匀, 以免褶皱不均。

❹腰带前端左右翻折车I形，缝份修小再翻至正面。

❺里腰带缝份折入盖住腰线缝份，假缝后，从正面落机车缝固定反面缝份。

❻完成。

｜胁边两侧松紧带｜

裁片

拉链完成后的裤身×1

腰带×1

胁边两侧松紧带×2

❶将腰带与裤身正面相对车缝完成线外0.1cm，将胁边两侧松紧带与腰带衬重叠 0.5cm，车缝0.25cm，前端腰带翻折车I形，缝份修剪后再翻至正面。

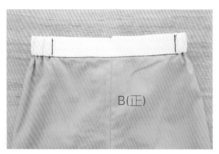

❷从正面落机车缝，固定反面缝份。

| 罗纹裤口接缝 |

裁片

F前片×1

B后片×1

罗纹束口布×2

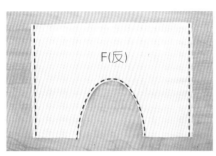

❶前后片正面相对车缝胁边和股下线。

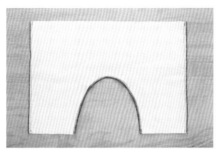

❷前后片缝份合拷。

POINT | 股下缝份为0.5~0.7cm，因弯曲度大所以缝份要少，避免牵吊，注意不可剪牙口。

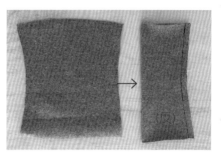

❸罗纹束口布正面朝内折双，车缝完成线后合拷。

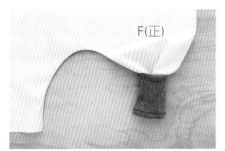

❹将罗纹束口布与裤口正面相对，罗纹剪接线对合裤子股下线，拉着车缝一圈。

POINT | 注意拉伸力度要均匀，避免褶皱不均。

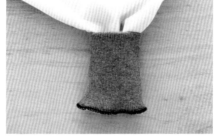

❺裤子与罗纹束口布合拷。

❻翻至正面。

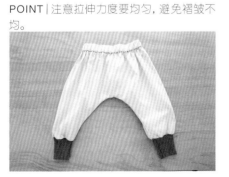

❼完成。

| 有里布低腰裙 |

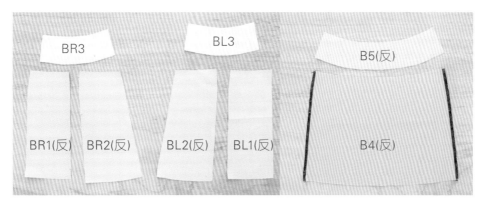

裁片

BR1、BR2右后片各×1

BL1、BL2左后片各×1

BR3、BL3后片表腰带各×1

B4后片里布裙身

B5后片里腰带

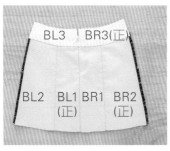

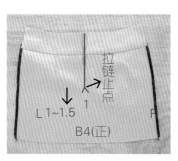

❶沿左右片剪接线缝合BL2+BL1，BR2+BR1。BL+BL3、BR+BR3缝合表腰带。后中心缝合隐形拉链。

❷B4+B5，后片里布裙身缝合里腰带，缝份倒向上方。

❸自腰带后中心剪至拉链止点，再往下1~1.5cm，宽度1cm，剪倒Y形。

❹将左边拉链与里布裙身后中心开口左侧正面相对对齐，由腰线缝份处车缝宽度0.5cm至A点。

POINT | A点即倒Y形的左侧止点。

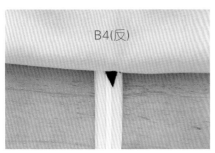
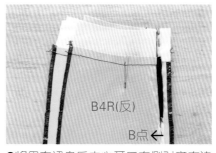
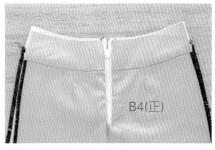

❺车缝剪倒Y形时剪出的三角布与拉链。

POINT | 注意只车拉链和三角布，不能车到表布。

❻将里布裙身后中心开口右侧对齐右边拉链，车缝宽度0.5cm至B点。

POINT | B点即倒Y形的右侧止点，A点和B点要等高。

❼里布裙身拉链完成。

POINT | 里布呈U型，另一种做法是不剪倒Y形，直接在拉链上车成V形，即车至拉链下方时两侧拉链缝线相交于一点。

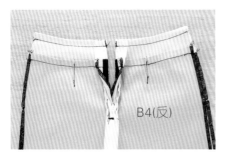

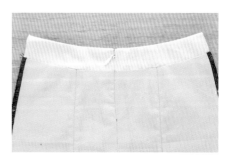

❽表里布正面相对，将拉链缝份倒向里布，车缝腰带上方完成线，缝份剪牙口，翻至正面。

❾缝份倒向里腰带，压缝0.1cm。

POINT | 因后中心有拉链，所以压缝至不能缝为止。

❿从正面落机车缝，固定背面里腰带。

| 高腰贴边处理 |

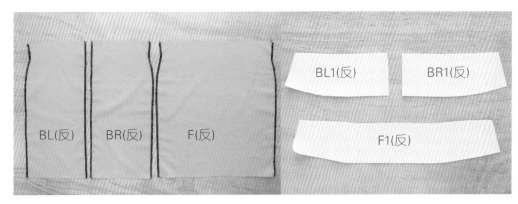

裁片

F前片×1

BR、BL后片各×1

BL1、BR1后片贴边各
×1

F1前片贴边×1

❶车缝左右后片。

❷后片车隐形拉链，前后片接缝胁边。

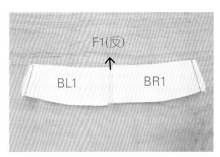

❸前后贴边缝合胁边线。

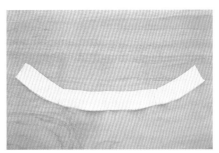

❹胁边缝份烫开，贴边下方缝份折
0.5cm，车0.1cm。

❺贴边与裙子正面相对，对合拉链后车
缝贴边与拉链缝份。

❻将拉链缝份往贴边上翻折，车缝腰围
完成线。

❼缝份修剪，剪牙口，翻至正面，将缝份
倒向贴边，压缝0.1cm。
POINT | 正面看不见车缝线。

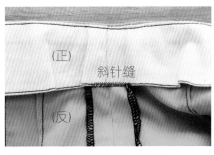

❽将贴边斜针缝固定在胁边缝份上。
POINT | 斜针缝目的是防止贴边翻起。

❾完成。

｜背心罗纹下摆｜

F1前片贴边(反)

FL(反)　FR(反)

B(反)

裁片

F前片×2
F1前片贴边×2
B后片×1
罗纹下摆×1

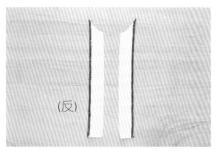

(反)

❶贴边缝份折入, 压0.1cm (端车缝)。

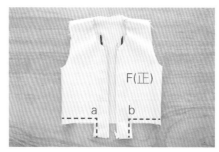

F(正)

a　b

❷车缝前片全开拉链与贴边。 (可参考p.59做法)

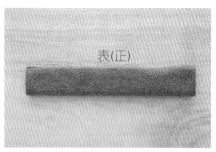

表(正)

❸罗纹下摆对折, 反面朝内。

F(正)

a点

折双线

❹罗纹下摆与前片正面相对, 从下摆底端车缝至a点。
POINT | 注意罗纹下摆折双线向下。

剪至a点

❺前片转角处剪牙口至a点。
POINT | 只剪前片, 不剪罗纹下摆。此步骤应在缝纫机台上操作, 车至a点, 针插在布上抬高压脚, 剪牙口后再将罗纹下摆转向, 对合下摆。

B(正)

❻自a点车至b点, 将罗纹下摆拉至与衣身下摆同宽后车缝。
POINT | 拉伸力度要均匀, 以免褶皱不均。

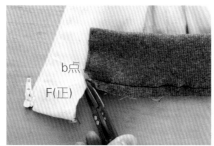

b点

F(正)

❼前片转角处剪牙口至b点。
POINT | 只剪前片, 不剪罗纹下摆, 与步骤❺相同。

(反)

b点

❽由b点车缝至下摆底端。

❾缝份合拷。

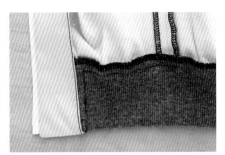

❿贴边盖住罗纹下摆缝份，手缝固定或由正面落机车缝，固定反面贴边。

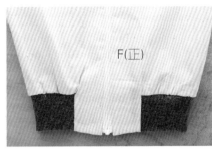

⓫前片正面完成。

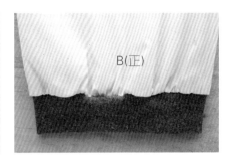

⓬后片正面完成。

| 斜向前开拉链 |

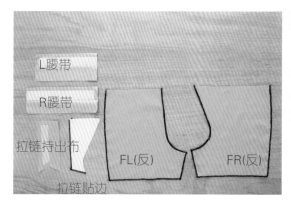

裁片

FL、FR前片各×1

拉链持出布×1

拉链贴边×1

左右腰带各×1

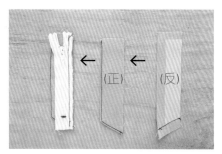

❶拉链持出布折双，车缝下方完成线。翻至正面压缝0.1cm，固定布面。拉链置于持出布上，车缝0.5cm固定。

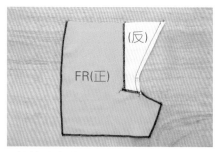

❷拉链贴边缝份修剪0.2cm，与FR正面相对车缝贴边完成线。

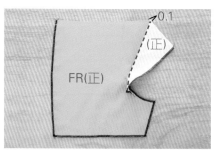

❸于拉链止点处剪牙口，贴边车缝0.1cm装饰线。

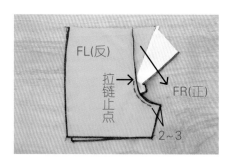

❹FL与FR正面相对，自拉链止点车至股下完成线上2~3cm。

❺自FL前中心将缝份推出0.3cm，持出布与拉链置于FL缝份下，距中心线0.1cm假缝，固定拉链。

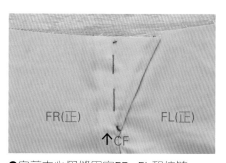

❻自前中心假缝固定FR、FL和拉链。

❼翻至反面，打开持出布，固定贴边与拉链。

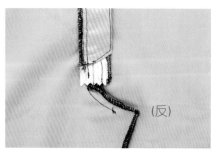

❽将持出布盖住贴边。

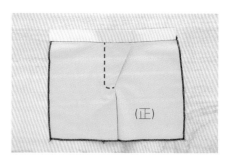

❾自止面压缝装饰线，完成。
POINT | 如果正面不需要装饰线，也可在反面车缝或手缝固定贴边。

┃ 夹克式全开拉链 ┃

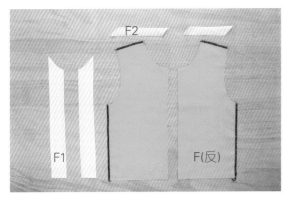

裁片

F前片×2

F1前拉链贴边×2

F2前领口滚边布×2

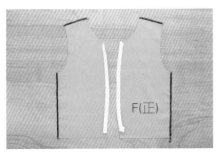

❶将拉链置于前片正面,拉链反面朝上,左右要一样高。

❷再将贴边置于拉链上,前片、拉链和贴边一起车缝完成线。

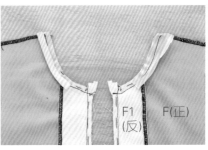

❸将领口滚边布置于衣身领口上,前中心缝份往贴边上翻折,车缝领口完成线外0.1cm。

POINT ┃ 此为前片部分缝纫,故先做领口滚边。若是制作整件作品,应先车缝前后片肩线再一起滚边。

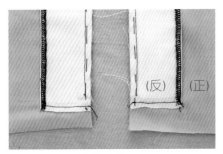

❹下摆贴边车缝完成线。

❺将领口缝份剪牙口,贴边翻至前片的反面,假缝滚边布。

❻下摆缝份修小后,翻至正面,压缝下摆与前中心领口装饰线。

❼完成。

| 拉克兰袖剪接 |

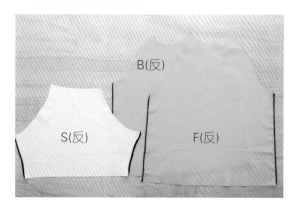

裁片

F前片×1
B后片×1
S袖子×1

❶袖子折双,车缝袖下线,缝份烫开。
POINT | 拉克兰(raglan)袖即插肩袖。

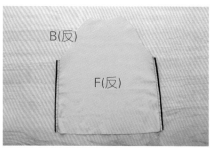

❷前后片正面相对,车缝胁边线,缝份烫开。

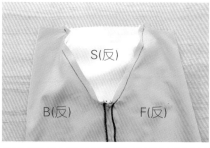

❸袖子与衣身正面相对,对合袖下线与衣身胁边线,车缝完成线。

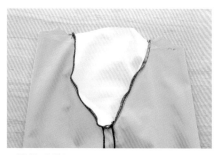

❹缝份合拷。

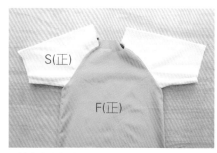

❺缝份倒向袖子。

❻袖口车缝松紧带,完成。

| 袖口活褶 |

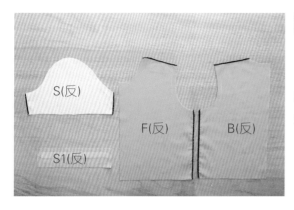

裁片

F前片×1
B后片×1
S袖子×1
S1袖口布×1

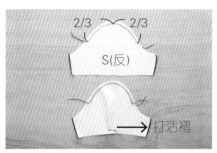

❶S袖山上车两道粗针，袖口折烫活褶，在完成线外0.1cm处将活褶车缝固定。

❷袖子对折，车袖下完成线，缝份烫开。

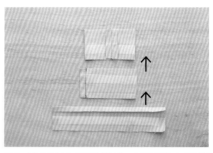

❸S1袖口布先预烫缝份。正面朝内对折车缝完成线。缝份烫开。

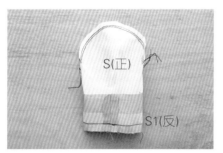

❹袖子和袖口布正面相对，对合袖下线后车缝完成线。

❺翻折袖口布，将缝份折入，在袖口布正面落机车缝，固定反面缝份。

❻根据肩线和袖下线将袖子和衣身袖窿AH对合，车缝一圈。

POINT | 将袖山上的两道粗针拉出细褶，拉至袖山与衣身袖窿AH等长。要先整烫细褶再接缝。

❼袖子缝份合拷，缝份倒向袖子。

❽完成。

| 泡泡袖 |

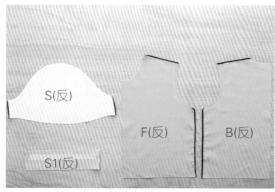

裁片
F前片×1
B后片×1
S袖子×1
S1袖口布×1

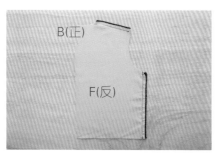

❶F和B正面相对车缝肩线和胁边线，缝份烫开。

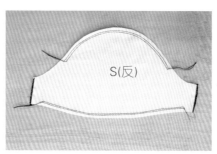

❷在袖山和袖口完成线外0.2cm、0.5cm处各车缝两道粗针。

❸袖子对折，车缝袖下线，缝份烫开。

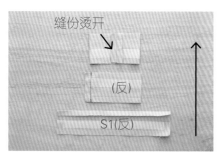

❹S1袖口布先预烫缝份。对折车缝完成线。缝份烫开。

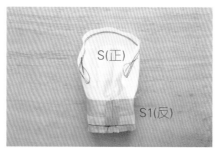

❺袖口布与袖子正面相对，车缝完成线。
POINT | 在袖口处拉两条下线，使之产生细褶，拉至与袖口布等长后整烫缝份，固定细褶。

❻翻折袖口布，将缝份折入，在袖口布上压缝0.1cm，固定反面缝份。
POINT | 亦可在袖口布正面落机车缝，固定反面缝份。

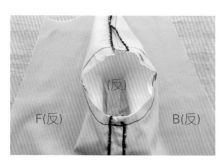

❼根据肩线和袖下线，将袖子和衣身袖窿AH对合，车缝一圈。
POINT | 将袖山上的两道粗针拉出细褶，拉至袖山与衣身袖窿AH等长。要先整烫细褶再接缝。

❽袖子缝份合拷，缝份倒向袖子。

❾完成。

| 带扣翻折袖 |

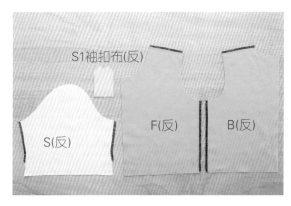

裁片

B后片×1
F前片×1
S袖子×1
S1袖扣布×1

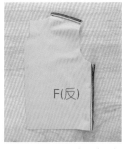

❶前后片正面相对，车缝肩线与胁边线，缝份烫开。

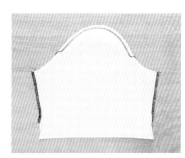

❷在袖山中间2/3处，于完成线外0.2~0.5cm车缝两道粗针。
POINT | 亦可手缝，用棉线细针缩缝较美观。

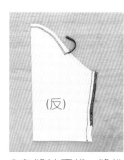

❸车缝袖下线，缝份烫开。

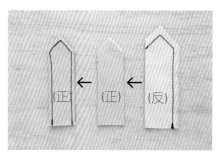

❹袖扣布对折后车缝反面完成线，缝份修小翻至正面，自正面压缝0.2cm装饰线。

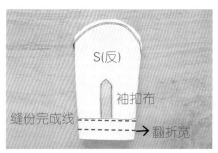

❺将袖扣布如图示置于翻折的袖口的缝份内，假缝一圈固定。

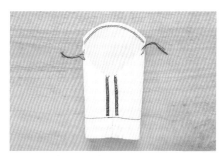

❻袖口翻折后车缝一圈。

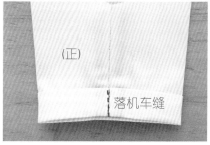

❼将翻折部分整烫后，自袖下线正面落机车缝，固定翻折部分。

❽拉袖山缩缝线使袖山与衣身袖窿等长（可先在烫马上整理缩份），袖子与衣身正面相对，对合肩线和胁边线，车缝袖窿完成线。
POINT | 注意袖山不能出现细褶。

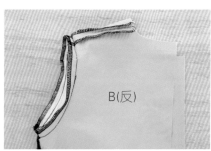

❾将缝份合拷一圈。

❿缝扣子，完成。

┃洋装贴边连裁┃

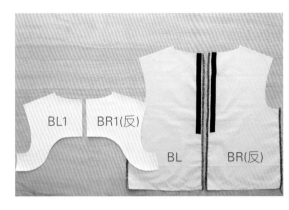

裁片

BR右后片×1
BL左后片×1
BR1右后贴边×1
BL1左后贴边×1
F前片×1（图略）
F1前贴边×1（图略）

❶左右后片正面相对，车缝肩线。

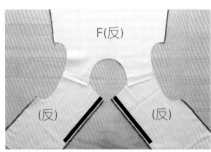

❷缝份烫开。

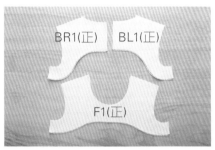

❸前后贴边外缘线端车缝，折0.5cm，车0.2cm。

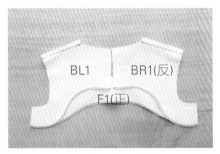

❹前后贴边正面相对车缝肩线。

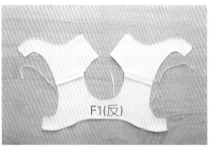

❺缝份烫开，领口、袖窿缝份修剪0.2cm。

POINT｜缝份修剪0.2cm，目的是使领口、袖窿车缝线推入不外露。

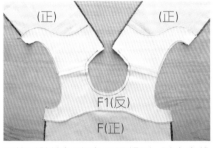

❻前后贴边与衣身正面相对，对合肩线和前后中心线，车缝贴边领口、袖窿的完成线。

POINT｜贴边会鼓起不平，是因为贴边领围和袖窿修剪0.2cm后比衣身小，所以对合后会鼓起。领口车缝至距后中心线2cm，留出缝合隐形拉链的份量。

❼领口、袖窿缝份剪牙口，从前片左右两边抓出后片，将贴边翻至正面。

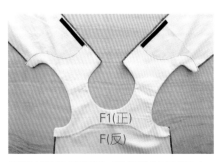

❽翻出贴边正面后，整烫贴边使领口、袖窿车缝线推入贴边内。

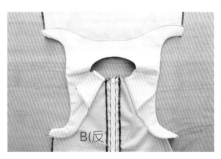

❾翻开后中心处的贴边，后中心车缝隐形拉链。

POINT｜亦可先上隐形拉链再车贴边，但做法顺序与此不同。

❿车缝贴边后中心线，将贴边固定于拉链上，将缝份折向贴边，补车后中心领口线（步骤❻中未车的2cm）。

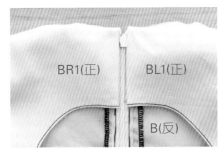

⓫缝份修小，翻至正面。

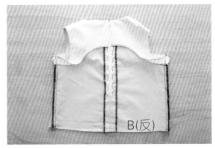

⓬前后片正面相对，拉起贴边车缝胁边线，缝份烫开。

⓭袖下贴边缝份可手缝固定，车缝下摆，完成。

Part 3

裙子·打版与制作

·花苞裙
·高腰窄裙
·低腰多片裙
·宽口袋变化裙

Preview

基本尺寸

腰围－64cm
臀围－92cm
腰长－19cm
裙长－40cm

版型重点

· 松紧带
· 有里布制作

❶ 确认款式

花苞裙。

❷ 量身

裙长、腰长、腰围、臀围。

❸ 打版

表版和里版（表布和里布的纸型，前后共版）、腰带。

❹ 补正纸型

· 确认前后中心线和腰围线、下摆线垂直。
· 确认胁边线和腰围线、下摆线垂直。

❺ 整布

使经纬纱垂直，布面平整。

❻ 排版

布面折双，先排前后片再排腰带。

❼ 裁布

表布前片F折双×1、表布后片B折双×1、里布前片F折双×1、里布后片B折双×1、腰带×1。

❽ 做记号

于完成线上做记号或做线钉（腰围线、胁边线、下摆线、腰带、中心剪牙口）。

❾ 烫衬

此款不用烫衬。

❿ 拷克机缝

此款因里布下摆车合，不会看见内部缝份，所以不用拷克。

打版 pattern making

版型制图步骤

2 自Ⓐ 点取W/4。

5 自W2取15~20cm的松紧带份量至W3，由W3垂直画至下摆。
POINT | 此份量加得越多，裙子就越膨。

4 自S1往下取7cm至S2。
POINT | 7cm为裙子表布往内膨的份量。

1 自Ⓐ 点取裙长40cm，腰长19cm。
POINT | 裙长为完成尺寸，此款花苞裙表布会比完成尺寸长，里布会比完成尺寸短。

3 在臀围线上H1~H2取H/4。

9 自S1往上取7cm至S6，过S6画中心线的垂直线，取20~23cm至S7。
POINT | 往上7cm为表布往内膨所扣除的份量；20~23cm代表下摆整圈宽度是80~92cm，此为一步路所需的宽度。可依个人喜好确定。

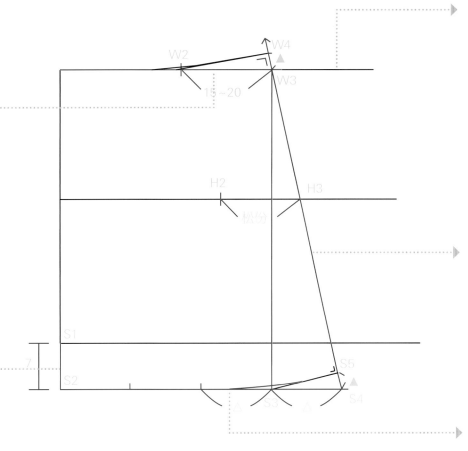

8 自W3顺着胁边线往上▲
至W4,再修顺腰围线。
POINT | 注意腰围线和下摆
线要和胁边线垂直。

7 将W3和S4连接,自S3向
下摆胁边取垂直线至S5,
胁边会自然提高▲,再修顺下
摆。

6 S2~S3分成三等份,一等
份为△,S3~S4取一等份
△。

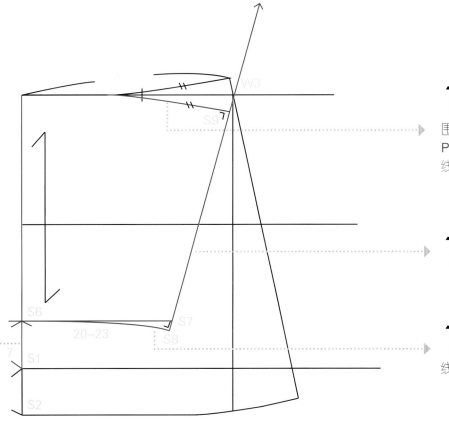

11 画胁边线(S7→W3)的
垂直线,定S9,修顺里腰
围线。
POINT | 注意此款式表里腰围
线等长。

10 连接S7→W3。

12 垂直于胁边线(S7→W3)
画线,定S8,修顺里下摆
线。

13 腰带长度取☆长的四倍（☆为W/4+15~20），宽度取3.5cm（即松紧带宽度加厚度）。

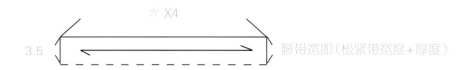

裁片缝份说明

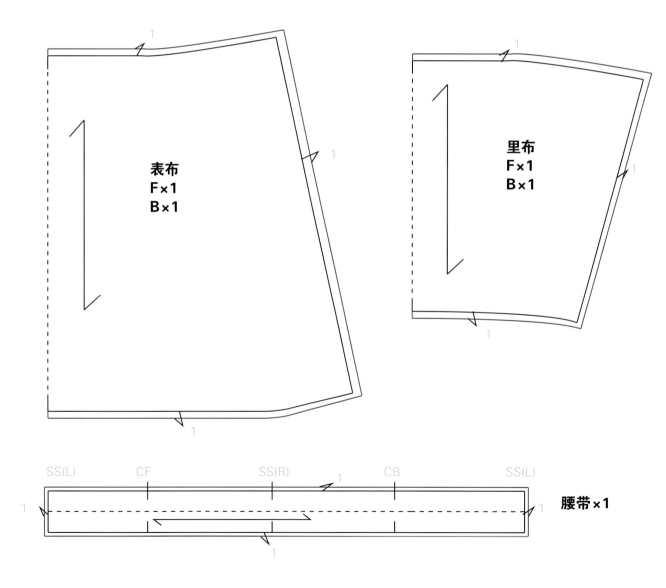

缝制 sewing

材料说明

表布
单幅用布：（裙长+缝份）×3
双幅用布：（裙长+缝份）×1.5
里布
单幅用布：裙长×2
双幅用布：裙长
腰带衬约1m
裙钩1副

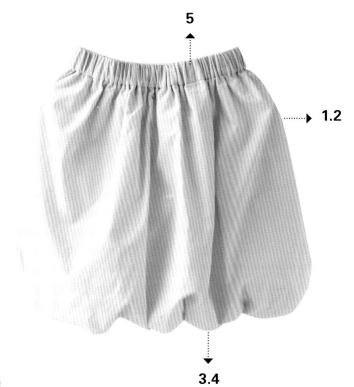

5

1.2

3.4

1. 车缝表布前后胁边线，缝份烫开。

2. 车缝里布前后胁边线，缝份烫开。

3. 表布下摆抽细褶，拉至与里布等长。
POINT | 确认长度后，要先整烫细褶缝份。

4. 表里布车缝下摆，缝份倒向里布压0.1cm装饰线。

5. 表里腰线对合，车缝腰带，上松紧带，胁边落机车缝
   固定松紧带。

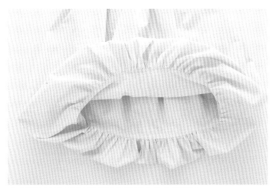

花苞裙的膨度可以在打版时自由调整。

松紧带长度一般为腰围尺寸减2~5cm，可依个人
喜好适当加减尺寸。

高腰窄裙

Preview

基本尺寸
腰围–64cm
臀围–90cm
腰长–19cm
裙长–65cm

版型重点
. 高腰
. 后开衩
. 后开隐形拉链

❶ 确认款式
高腰窄裙。

❷ 量身
裙长、腰长、腰围、臀围。

❸ 打版
后片、前片、高腰贴边。

❹ 补正纸型
· 合并前后高腰贴边的褶子，并修顺线条。
· 前后片胁边对合，确认胁边线和腰围线、下摆线垂直。

❺ 整布
使经纬纱垂直，布面平整。

❻ 排版
布面折双，先排前后片再排高腰贴边。

❼ 裁布
前片F折双×1、后片（BL、BR）各×1、前高腰贴边F1折双×1、后高腰贴边B1×2。

❽ 做记号
于完成线上做记号或做线钉（腰围线、胁边线、下摆线、褶子、腰带、中心剪牙口）。

❾ 烫衬
高腰贴边贴薄衬（定型）、隐形拉链两侧贴牵条。

❿ 拷克机缝
后中心、胁边线、贴边线。

版型制图步骤

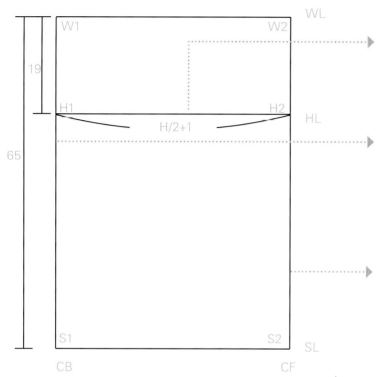

2 腰长W1~H1=19cm，垂直于后中心画WL、HL和SL。

1 标画后中心线取裙长W1~S1=65cm。

3 在HL上取H/2+1至H2，往上画至WL（W2），往下画至SL（S2）。
POINT | H/2+1，即臀围一整圈宽松份为2，高腰窄裙属较贴身的裙型，所以松份较少，如果采用弹性布，则不宜加入松份，反而要扣除多余的份量，穿起来更贴身。

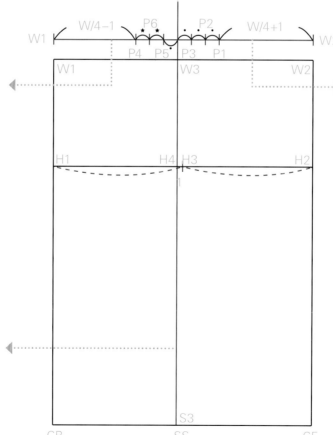

6 后中心上W1~P4=W/4−1=15cm，后片胁边W3~P5=●，再将P4~P5均分为二等份，一等份为★。
POINT | W/4±1为前后差，●和★为前后片裙子的参考尺寸。腰围和臀围尺寸差越大，则●和★的尺寸也会越大；反之，则●和★的尺寸也会越小。

5 在腰围线上方约5cm处，延长画出前、后中心线和胁边线的宽度。前中心上W2~P1=W/4+1=17cm，将P1~W3的距离均分为三等份，一等份量为●。

4 将H1~H2均分为二等份，中点为H3，再往后中心方向移动1cm（前后差）至H4，过H4画出胁边线。

8 弧线连接W5→W2，两端要垂直于胁边线和前中心线。

7 W3～W4＝●，胁边臀围线上H4～H5取4cm，胁边下摆处S3～S4＝3cm，弧线连接W4→H5→S4，顺着弧线往上画超过腰围线1～1.2cm，定W5。

POINT | W3～W4＝●，从胁边扣除腰臀差的份量一等份●，H4～H5＝4cm，是画胁边时的缓冲份量。

10 后中心W1向下0.5～1cm至W8，弧线连接W7→W8，两端要垂直于胁边线和后中心线。

POINT | 后中心W1向下0.5～1cm，是因人体腰围线（WL）前高后低。

9 W3～W6＝●，在胁边臀围线上H4～H5取4cm，胁边下摆S3～S5＝3cm，弧线连接W6→H5→S5，顺着弧线往上画超过腰围线1～1.2cm，定W7。

POINT | S3～S4＝S3～S5＝3cm，这是减少下摆宽度的尺寸，此段尺寸越大，裙摆越窄，所以需考虑到活动量。此裙利用了后中心线处的开衩来增加活动量。

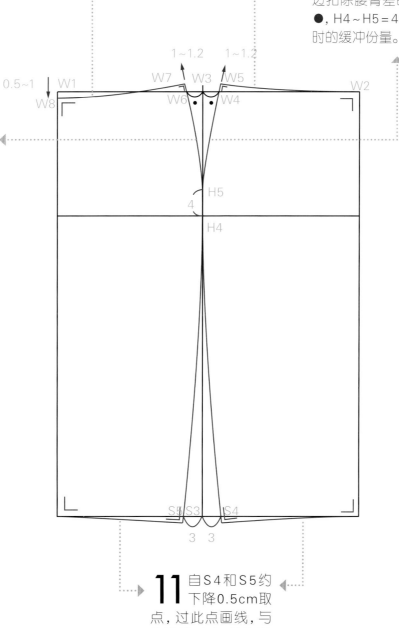

11 自S4和S5约下降0.5cm取点，过此点画线，与胁边线垂直，修顺前后下摆线。

15 W11（D9）～D10＝★，根据褶宽定中心D11，往下画至臀围线上5cm，定D12，D12往胁边方向0.5cm至D13，直线连接D9→D13、D10→D13。W12往左右取褶宽D14～D15＝★，H9往上6.5～7cm至D16，D16往胁边处0.5cm至D17，直线连接D14→D17、D15→D17。

POINT | 由于人体腹高臀低，所以裙子长度前短后长。因每个人的体型尺寸不同，所以窄裙打版后腰围线上所得的褶宽会不同。如果裙子的宽度大于3.5cm，建议车两道褶，小于3cm车一道褶也行。

14 W9（D1）～D2＝●－0.5cm；W10（D5）～D6＝●＋0.5cm。将D1～D2、D5～D6褶宽均分为二等份，中点分别为D3、D7，过D3、D7画垂直线至MHL定D4和D8，直线连接两侧褶边。

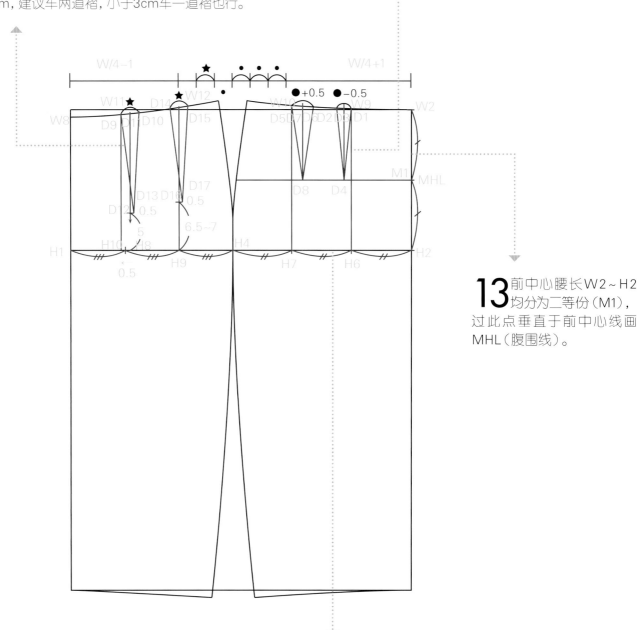

13 前中心腰长W2～H2均分为二等份（M1），过此点垂直于前中心线画MHL（腹围线）。

12 H2～H4均分为三等份（等分点为H6、H7），H1～H4也均分为三等份（等分点为H8、H9），自H8往左移动0.5cm（H10），垂直向上画至腰围线（W11），其余等分处均垂直向上画至腰围线，定点为W9、W10、W12。

17 后中心W8～U4＝7～7.5cm，W7～U5＝5.5～6cm，U5往外0.3～0.5cm（U6），直线连接U6→W7，弧线连接U6→U4。

POINT | W2～U1和W8～U4是高腰的高度，可依设计确定尺寸大小。

16 前中心W2～U1＝7cm，W5～U2＝5.5～6cm，U2往外0.3～0.5cm（U3），直线连接U3→W5，弧线连接U3→U1。

POINT | 高腰围线与胁边线、前中心线要垂直。

18 由褶子D1、D2、D6、D5、D9、D10、D14、D15垂直往上画至高腰线，褶宽各向内收0.2～0.3cm，直线连接K1→D1、K2→D2、K3→D6、K4→D5、K5→D9、K6→D10、K7→D14、K8→D15。

POINT | 褶宽各向内收0.2～0.3cm，是因为高腰位置上方的围度比下方的围度大，所以需要把不足的份量放出来；放出的份量与体型有关，直筒体型放出的份量较少，而腰间曲线较大者，褶子放出的份量就较多。

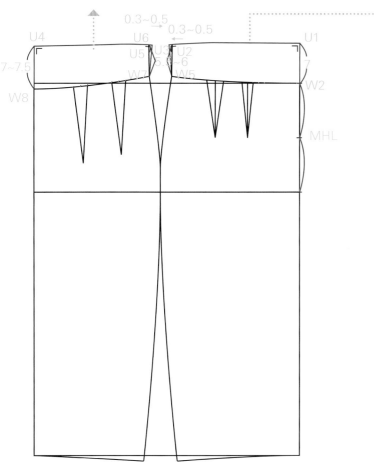

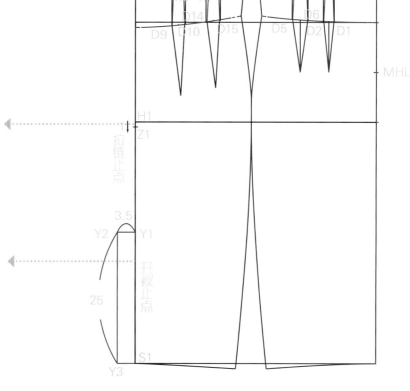

19 后中心线上的H1向下1cm，即为拉链止点（Z1）。

20 S1往上25cm（Y1），Y1～Y2＝3～4cm，垂直画出开衩叠份。

POINT | S1～Y1为开衩高度，裙长越长，下摆越窄，开衩高度会越高。可依设计确定高度。

修版

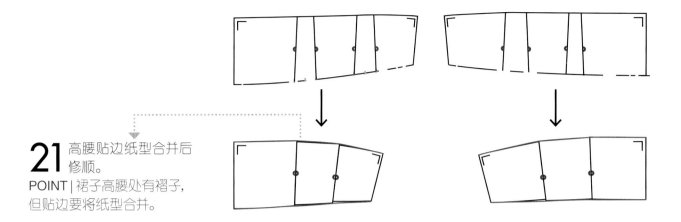

21 高腰贴边纸型合并后修顺。
POINT | 裙子高腰处有褶子，但贴边要将纸型合并。

裁片缝份说明

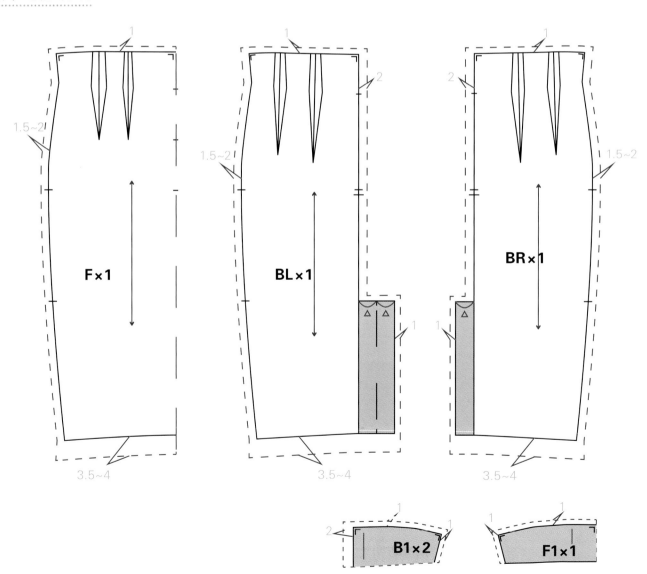

缝制 sewing

材料说明

单幅用布：（裙长＋缝份）×2
双幅用布：裙长＋缝份
布衬30cm
隐形拉链26cm1条

1. 车缝前后片褶子。

2. 车缝后片拉链。

3. 车缝后片开衩。

4. 车缝前后片胁边。

5. 车缝前后片贴边。

6. 接缝裙子腰围线和贴边。

7. 下摆千鸟缝。

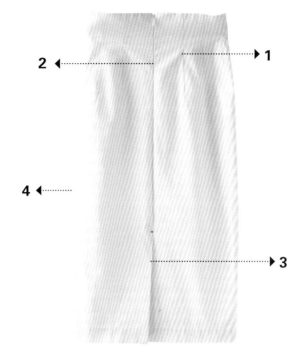

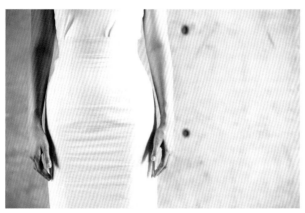

后片下摆开衩高度依下摆的贴身度而调整。

低腰多片裙

Preview

基本尺寸
腰围－64cm
臀围－90cm
腰长－18cm
裙长－45cm

版型重点
. 低腰腰带
. 有里布制作
. 八片纵向剪接

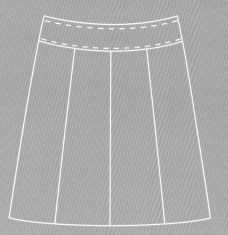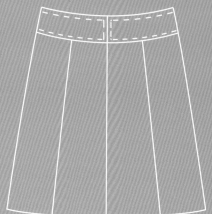

❶ 确认款式
低腰多片裙。

❷ 量身
裙长、腰长、腰围、臀围。

❸ 打版
后片、前片、低腰腰带。

❹ 补正纸型
· 合并前后低腰腰带的褶子，
　并修顺线条。
· 前后片胁边对合，确认胁边
　线和腰围线、下摆线垂直。

❺ 整布
使经纬纱垂直，布面平整。

❻ 排版
布面折双先排前后片再排低腰
腰带。

❼ 裁布
表布前片F1×2、表布前胁片
F2×2、表布后片B1×2、表布
后胁片B2×2、里布前片F折双
×1、里布后片B折双×1、前
表腰带F3折双×1、后表腰带
B3×2、前里腰带F4折双×1、
后里腰带B4折双×1。

❽ 做记号
于完成线上做记号或做线钉（腰
围线、胁边线、下摆线、腰带、
中心剪牙口）。

❾ 烫衬
低腰腰带贴薄衬（定型）、隐形
拉链两侧贴牵条。

❿ 拷克机缝
后中心线、剪接线、胁边线。

版型制图步骤

2 取H1~H2＝H/4＋1－1＝22.5cm，自H2垂直往下画定S2。H2~H3＝15cm（预留画A字线条的空间）。取H3~H4＝H/4＋1＋1＝24.5cm，自H3垂直往下画定S3；自H4垂直往上下画，定W2和S4，此线段为前中心线。

POINT｜后片＝H/4＋1－1，前片＝H/4＋1＋1，＋1是臀围松份，－1是前后差，此款式的臀围整圈松份是4cm，可依个人设计和布料特性来确定松份的多寡。

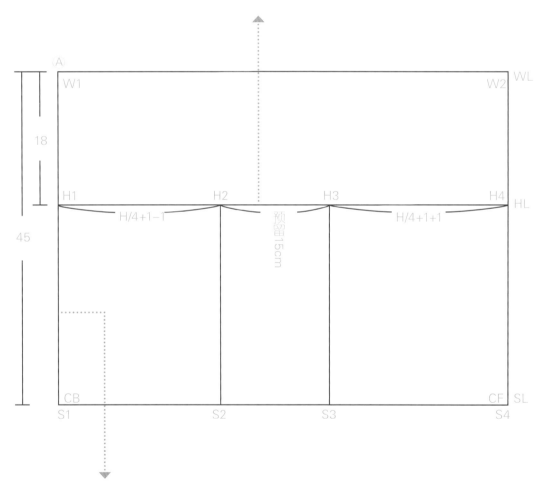

1 自Ⓐ点W1~S1取裙长45cm，腰长18cm，此线段为后中心线。

7 后片W1～W5＝W/4＋3－1＝18cm，弧线连接W5→H2，并过腰围线往上延长1.2cm定W6；W1～W7取1cm，弧线连接W7→W6，要垂直于后中心线。
POINT | 后片腰围取W/4＋3－1，+3是褶子的份量，－1是前后差；注意腰围完成线要与后中心线、胁边线垂直。

3 后片H2～H5取10cm，H5～H6取1cm，直线连接H2→H6，往上延长至腰围线定W3，往下延长至下摆线定S5。
POINT | H2～H5＝10cm，此部位为腿围处，故以臀围和腿围作为胁边斜度的参考依据。

8 前片W2～W8＝W/4＋2＋1＝19cm，弧线连接W8→H3，并过腰围线往上延长1.2cm定W9；弧线连接W9→W2，要垂直于胁边线。
POINT | 注意腰围完成线要与后中心线、胁边线垂直。

4 前片H3～H7取10cm，H7～H8取1cm，直线连接H3→H8，往上延长至腰围线定W4，往下延长至下摆线定S6。

5 S1～S5均分为三等份，自S8画线垂直于胁边线，定S9（会产生S5～S9＝★的高度），再修顺S8～S9的线条。

6 S6～S10＝S5～S9＝★，自S10垂直于胁边线画线至下摆线后再修顺线条。

10 D3~D4取褶宽3cm，H9~D2取5~7cm，弧线连接D3→D2、D4→D2。

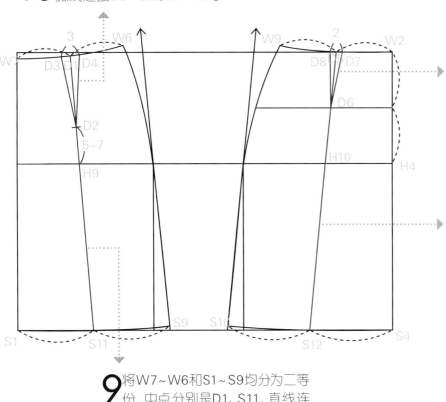

12 将W2~H4均分为二等份，过中心画前中心线的垂直线至胁边（此部位是腹围），D7~D8取褶宽2cm，弧线连接D7→D6、D8→D6。

11 将W2~W9和S4~S10均分为二等份，中点分别是D5、S12，直线连接D5→S12。

9 将W7~W6和S1~S9均分为二等份，中点分别是D1、S11，直线连接D1→S11。

15 自S12左右各取2cm，定T6、T5，T5和T6连接至D6。

13 自S11向左右各取2cm，定T2、T1，T1和T2分别连接至D2。
POINT｜S11向左右各取2cm，此份量越大，交叉重叠的份量越多，裙摆越宽松。注意D2线条要修顺，不能有多余的角度。

14 T1~T3、T2~T4各取0.5cm，垂直于褶子边修顺下摆线。

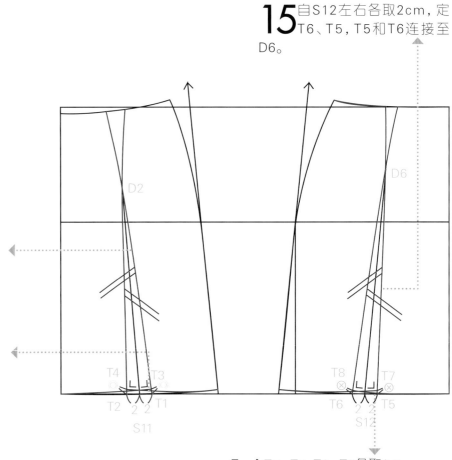

16 T5~T7、T6~T8各取0.5cm，垂直于褶子边修顺下摆线。

17 由后片腰围线平行下降3cm定L1、L2，再由L1和L2平行下降5cm定L3、L4，褶子画纸型合并记号。

POINT | 腰围线平行下降3cm是低腰的位置；L1和L2平行下降5cm，是低腰腰带宽；可依个人设计来确定低腰位置和腰带宽度。

18 由前片腰围线平行下降3cm定L5、L6，再由L5和L6平行下降5cm定L7、L8，褶子画纸型合并记号。

POINT | 注意前后腰围线要和前后中心线、胁边线垂直。

19 后中心H1下降1cm定拉链止点（Z1）。

里布

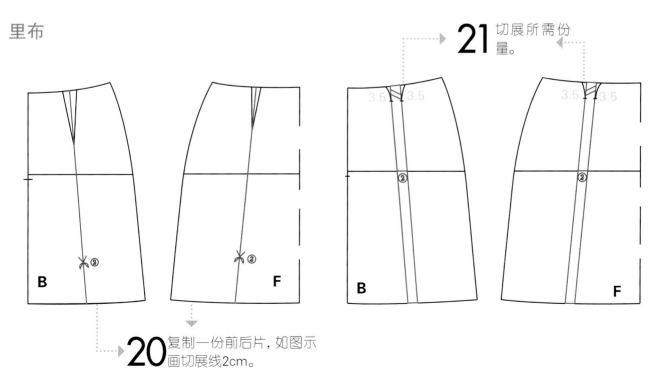

21 切展所需份量。

20 复制一份前后片，如图示画切展线2cm。

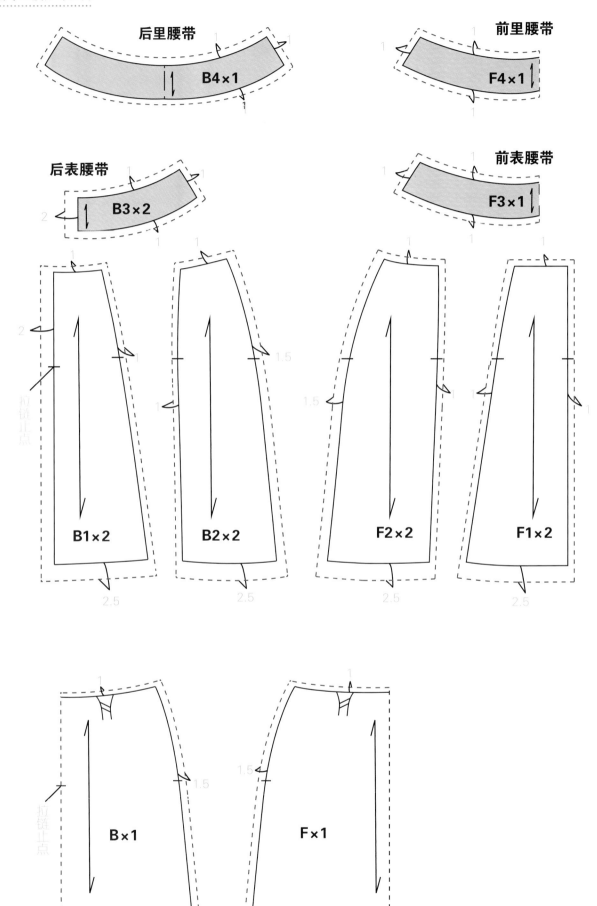

后里腰带 B4×1

前里腰带 F4×1

后表腰带 B3×2

前表腰带 F3×1

B1×2

B2×2

F2×2

F1×2

B×1

F×1

缝制 sewing

材料说明

表布
单幅用布：（裙长＋缝份）×2
双幅用布：裙长＋缝份
表布
单幅用布：（裙长＋缝份）×2
双幅用布：裙长＋缝份
POINT | 里布用布量约比表布少30 cm。

布衬1m
隐形拉链18cm1条

1. 车缝表布前片剪接线。
2. 车缝表布后片剪接线。
3. 车缝表布前片和前表腰带。
4. 车缝表布后片和后表腰带。
5. 表布后片中心车缝隐形拉链。
6. 车缝前后胁边线。
7. 车缝里布前后片褶子。
8. 车缝里布前片和前里腰带。
9. 车缝里布后片和后里腰带。
10. 里布后片与表布隐形拉链车缝。
11. 里布前后片车缝胁边线。
12. 车缝表里腰带。
13. 表布下摆车缝。
14. 里布下摆车缝。
15. 表里布胁边以锁链缝固定。

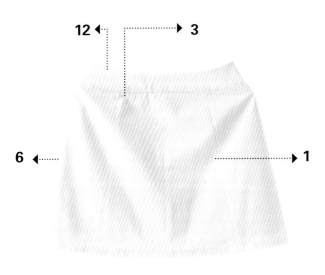

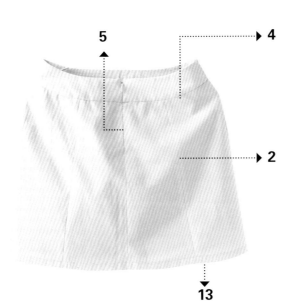

POINT | 未标示的部分为里布制作过程。

宽口袋变化裙

Preview

基本尺寸

腰围－64cm
臀围－90cm
腰长－18cm
裙长－50cm

版型重点

. 中腰腰带
. 胁边宽口袋
. 后开隐形拉链

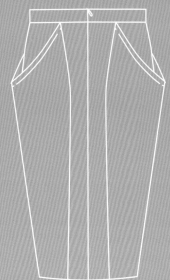

❶ 确认款式

宽口袋变化裙。

❷ 量身

裙长、腰长、腰围、臀围、腿
围。

❸ 打版

前片、后片、腰带、口袋。

❹ 补正纸型

·合并前后口袋，并修顺线
　条。
·前后片胁边对合，确认胁边
　线和腰围线、下摆线垂直。

❺ 整布

使经纬纱垂直，布面平整。

❻ 排版

布面折双先排前后片再排口
袋、腰带。

❼ 裁布

前片F折双×1、后片B×2、口
袋布前片PAF×2、口袋布后片
PAB×2、口袋布PB×2、腰带
×1。

❽ 做记号

于完成线上做记号或做线钉（腰
围线、胁边线、下摆线、口袋、
腰带、中心剪牙口）。

❾ 烫衬

中腰腰带贴腰带衬、隐形拉链两
侧贴牵条。

❿ 拷克机缝

后中心、剪接线、胁边线、口袋
布。

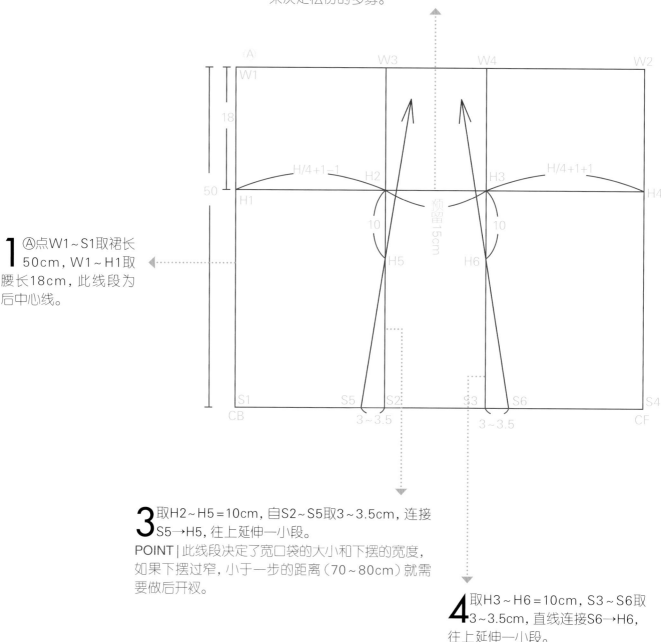

版型制图步骤

2 取H1~H2 = H/4 + 1 – 1 = 22.5cm,自H2垂直往上下分别画线,定W3和S2。H2~H3 = 15cm(预留宽口袋空间)。取H3~H4 = H/4 + 1 + 1 = 24.5cm,自H3垂直往上下分别画线,定W4和S3;自H4垂直往上下画线,定W2和S4,此线段为前中心线。

POINT | 后片 = H/4 + 1 – 1,前片 = H/4 + 1 + 1,+1是臀围松份,±1是前后差,此款式的臀围整圈松份是4cm,可依个人设计和布料特性来决定松份的多寡。

1 Ⓐ点W1~S1取裙长50cm,W1~H1取腰长18cm,此线段为后中心线。

3 取H2~H5 = 10cm,自S2~S5取3~3.5cm,连接S5→H5,往上延伸一小段。

POINT | 此线段决定了宽口袋的大小和下摆的宽度,如果下摆过窄,小于一步的距离(70~80cm)就需要做后开衩。

4 取H3~H6 = 10cm,S3~S6取3~3.5cm,直线连接S6→H6,往上延伸一小段。

5 在腰围线上方约5cm处，画出与腰围线同等宽的线段，并画出胁边位置。W2～W5取（W+1)/4+1=17.25cm，W4～W5均分为三等份，一等份为●；W1～W9取（W+1)/4-1=15.25cm，W3～W10取一等份为●；W9～W10再均分为二等份，一等份为☆。
POINT | 扣除前后实际腰围的尺寸后，其余的份量就是腰围和臀围之差，腰臀差越大者，褶份亦会增大，胁边曲线会较明显。

11 自W1下降1cm定W13，自W13垂直于后中心线画一小段直线后，再画弧线连接W12。
POINT | 注意腰围线一定要和前后中心线、胁边线垂直，方能成水平线。

8 自W8画一小段直线垂直于胁边线，再画弧线于腰围线上。

9 在后腰围线上取W3～W10=●，H2～H8=4cm，弧线连接H8→W10，顺着弧度往上1.2cm定W12；H8→H5是直线。

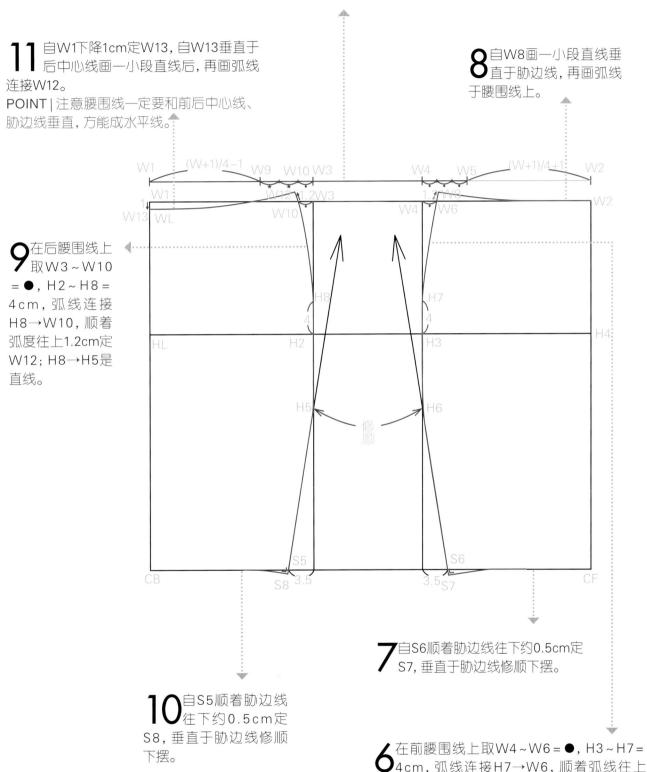

7 自S6顺着胁边线往下约0.5cm定S7，垂直于胁边线修顺下摆。

10 自S5顺着胁边线往下约0.5cm定S8，垂直于胁边线修顺下摆。

6 在前腰围线上取W4～W6=●，H3～H7=4cm，弧线连接H7→W6，顺着弧线往上1.2cm定W8；H7→H6是直线。

13 D1→D4画出弧线褶子。

POINT | 此褶宽为一等份★，利用剪接线扣除褶份（★+0.5），另一等份（★−0.5）自胁边扣除。

14 W12~W14 = ★−0.5，修顺胁边线。

16 将W2~H4均分为二等份，自M1垂直于前中心线画至胁边线。D6~D7取一等份（●−0.5），直线连接D5→D7、D5→D6。

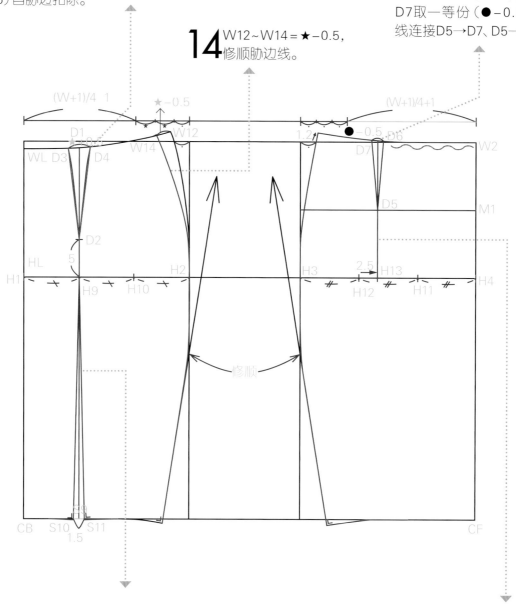

12 将H1~H2均分为三等份，过H9画垂直线。S10~S11取1~1.5，分别连接S10→H9、S11→H9，再修顺下摆。

POINT | S10~S11取1~1.5cm会缩小下摆的宽度，此份量亦可不扣除，可增加下摆灵活性。

15 将H3~H4均分为三等份，H12~H13 = 2.5cm，自H13向上画垂直线至腰围线上。

18 D4→P1画弧线。

POINT | 可依设计确定线条，但注意袋口底端要和胁边线垂直。

20 D6→P3画弧线。

POINT | 可依设计确定线条，但注意袋口底端要和胁边线垂直。

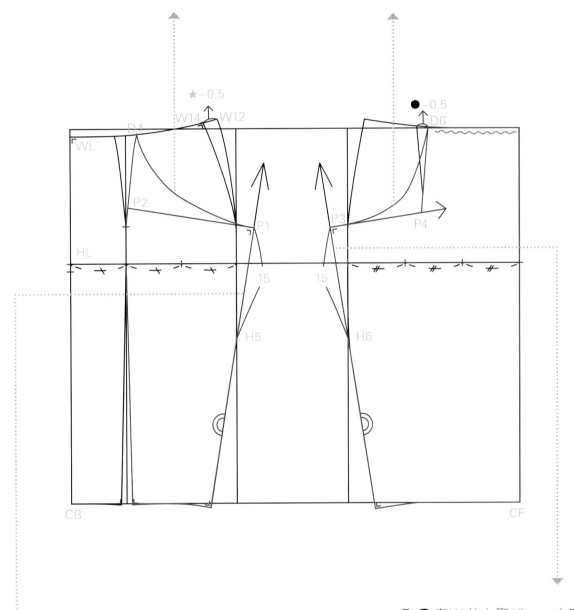

17 自H5往上取15cm，由P1画线垂直于胁边线，并连接于剪接线处。

POINT | H5～P1＝15cm，为口袋深度，可依设计调整。

19 自H6往上取15cm，由P3画线垂直于胁边线，并与褶子延长线交于点P4。

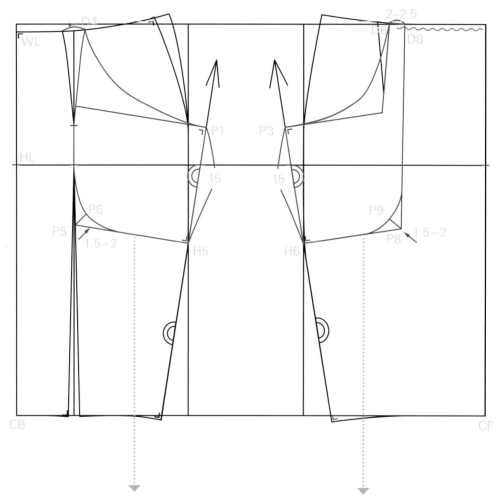

21 自H5垂直于胁边线画直线与剪接线交于P5，在角平分线上定P6，P5～P6取1.5～2cm，过P6修圆角。

22 D6～D8＝2～2.5cm，自H6垂直于胁边线画直线与D8向下的垂直线交于P8，在角平分线上定P9，P8～P9取1.5～2cm，过P9修圆角。

23 取W8~W15＝D6~D7，再修顺胁边线。

POINT | 将此褶份从胁边扣除（亦可一开始打版即扣除此份量，这里运用了窄裙打版原理，故分解步骤以便读者了解）。前片的腰臀差有三个●，目前两个由胁边扣除，还有一个●的份量要当作前片细褶份。

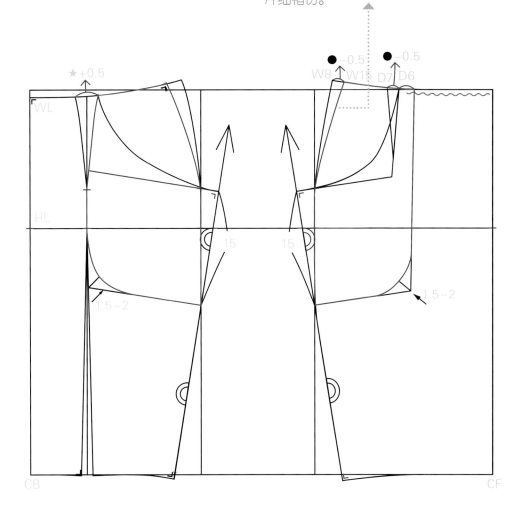

24 腰带宽3cm，后腰带BW＝（W+1）/4−1=15.25cm，前腰带FW＝（W+1）/4+1=17.25cm，持出份3cm。

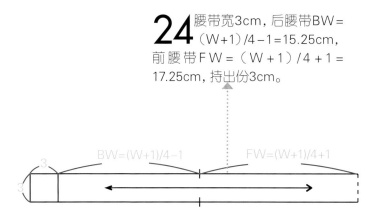

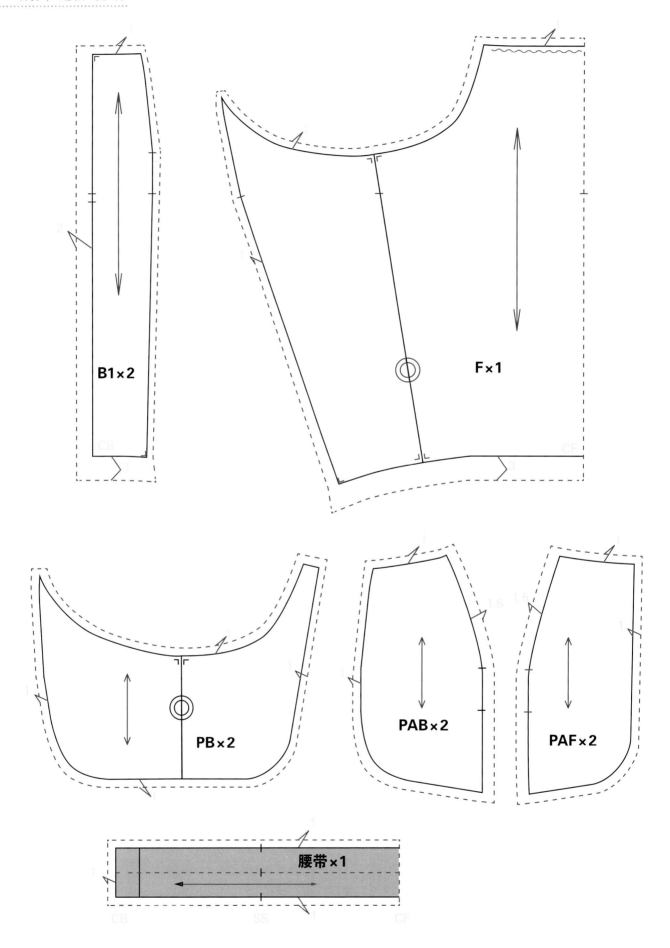

缝制 sewing

材料说明

单幅用布：（裙长＋缝份）×2
双幅用布：裙长＋缝份
腰带衬1m
隐形拉链20cm1条
裙钩一副（或扣子一颗）

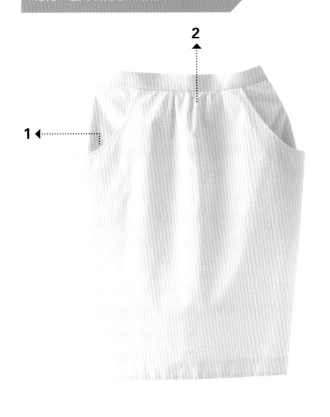

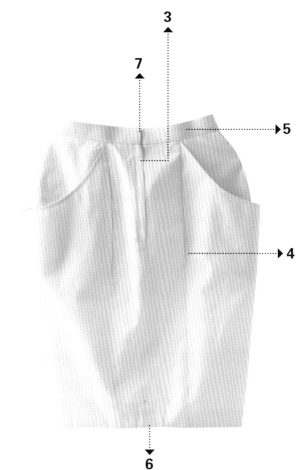

1. 车缝胁边宽口袋。

2. 前片抽褶。

3. 车缝后中心拉链。

4. 车缝后片剪接线。

5. 车腰带。

6. 缝下摆。

7. 缝裙钩或开扣眼、缝扣子。

宽口袋的大小可依设计而变化。

Part 4

裤子·打版与制作

飞鼠裤

Preview

基本尺寸

腰围－64cm
臀围－90cm
腰长－18cm
低裆－45cm
裤长－80cm

版型重点

- 松紧带
- 胁边口袋
- 低裆设计
- 罗纹裤脚

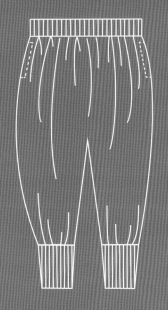 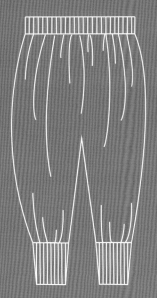

❶ 确认款式

飞鼠裤。

❷ 量身

裤长、腰长、低裆、腰围、臀围。

❸ 打版

裤身版（前后共版）、裤口版、口袋。

❹ 补正纸型

·确认前后中心线和腰围线、下摆线垂直。

·确认胁边线和腰围线、下摆线垂直。

❺ 整布

使经纬纱垂直，布面平整。

❻ 排版

布面折双先排前后片再排口袋布，裤口另外排罗纹束口布。

❼ 裁布

前片F折双×1、后片B折双×1、罗纹束口布×2、口袋布PA×2、口袋布PB×2。

❽ 做记号

于完成线上做记号或做线钉（腰围线、胁边线、下摆线、股下线、口袋位置、中心剪牙口）。

❾ 烫衬

前片袋口位置贴牵条。

❿ 拷克机缝

前后片胁边线、股下线、罗纹束口布（车缝后再合拷）、口袋布。

打版 pattern making

版型制图步骤

1 自Ⓐ点取裤长80cm，腰长18cm，低裆45cm。
POINT | 低裆的长度可依个人喜好来确定，此款低裆位置约在膝上10cm。

2 W1～W2取 W/4＝16cm。

3 H1～H2取H/4＝22.5cm。

4 W2～W3取W/4＝◎，自W3垂直向下画线至L2。
POINT | ◎份量为松紧带，若要设计宽松一点可将此份量加大。

5 H2～H3即为臀围宽松份量。
POINT | 打版时先确定腰围松紧带份量，然后自然得出臀围松份；亦可先确定臀围松份，然后自然得出腰围松紧带份量。

6 L2～L3取11cm，L2～L4取9cm，它们的垂直线交于L5，L5再往右1cm至L6，L6与L4连线。
POINT | L2～L3取11cm，为罗纹束口长度，可依设计确定长度；L2～L4取9cm，为罗纹束口围度，一整圈是18cm，此围度是依裤长位置，量取小腿围度的尺寸后，再减3～5cm确定的（因罗纹布有弹性，所以完成尺寸会比量身尺寸小）。

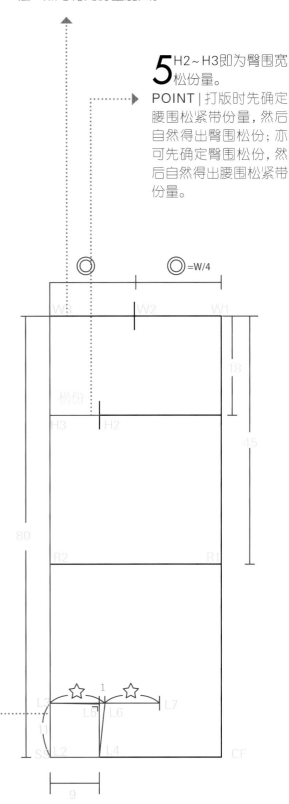

9 H3~P2取2~2.5cm, P2~P3取2~2.5cm, P3~
P4取10~12cm, P4~P5取14~16cm, W3~P6
取9~11cm, 连接P5→P6, 将P3、P4、P5等角度修
成圆弧。
POINT | P3~P4取10~12cm, 为口袋深度; P4~P5
取14~16cm, 为口袋宽度。口袋宽度和深度可依
手掌大小而调整。

8 W3向下4cm定
P1, P1~H3为胁
边口袋口。
POINT | 一般口袋口
长度为14~16cm,
亦可自臀围线往上
取口袋口长度。

7 L3~L6 = L6~L7, 弧
线连接R1→L7。

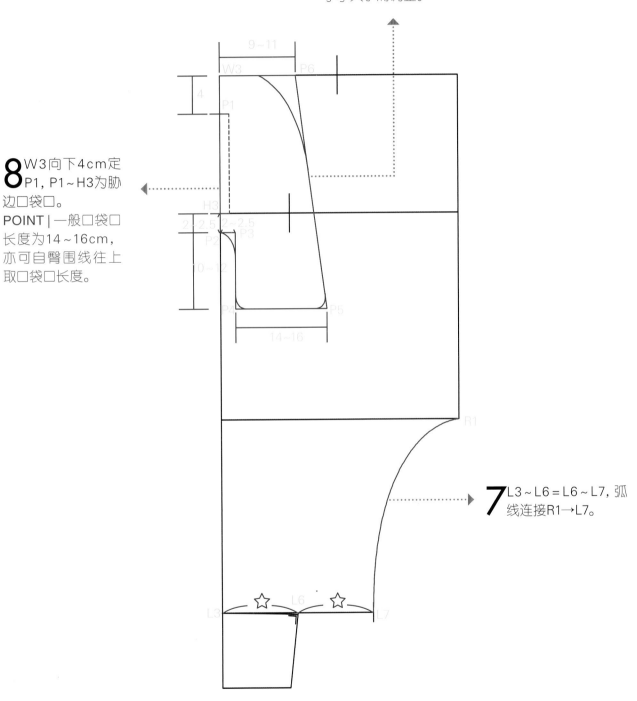

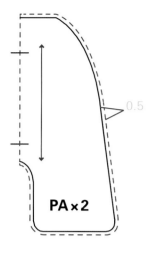

PA×2

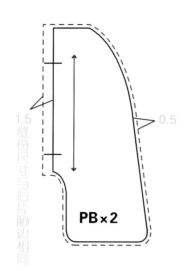

PB×2

1.5
缝份尺寸与后片胁边相同

0.5

0.5

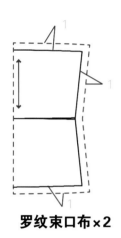

罗纹束口布×2

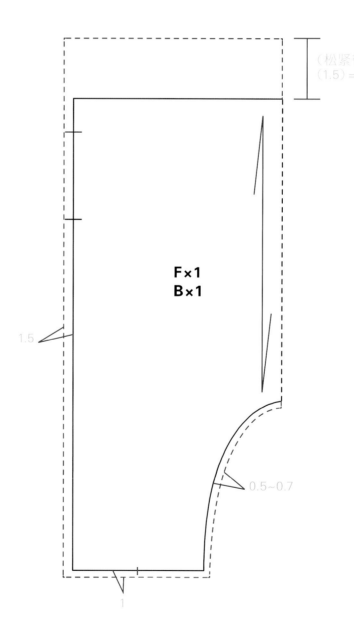

F×1
B×1

（松紧带宽度＋厚度）X2＋缝份
（1.5）＝（3.5+0.25）X2+1.5=9

1.5

0.5~0.7

1

缝制 sewing

材料说明

单幅用布:(裤长+缝份)×2

双幅用布:裤长+缝份

罗纹束口布30cm

松紧带1m

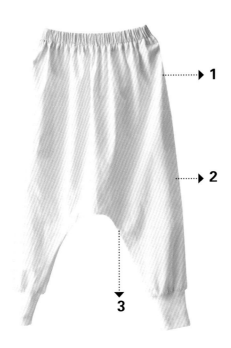

1

2

3

5

4

1. 车缝胁边口袋。

2. 车缝前后片胁边。

3. 车缝前后片股下线(缝份留少点,弧线处不能剪牙口)。

4. 车缝罗纹束口布。

5. 车缝松紧带。

六分裙裤

Preview

基本尺寸

腰围－64cm

臀围－90cm

腰长－18cm

股上－26cm

裤长－60cm

版型重点

- 前片中腰带,后片腰围松紧带
- 前片弧线贴边式剪接口袋
- 前开拉链设计
- 下摆宽大设计

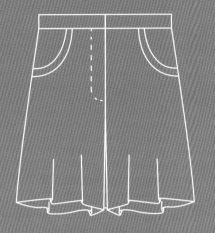
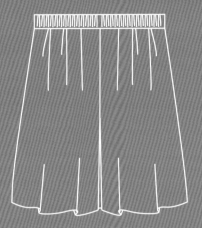

❶ 确认款式

六分裙裤。

❷ 量身

裤长、腰长、股上、腰围、臀围。

❸ 打版

前片、后片、腰带、口袋、拉链持出、拉链贴边。

❹ 补正纸型

· 确认前后中心线与腰围线垂直。

· 确认胁边线和腰围线、下摆线垂直。

· 前后裤裆,对合股下线6～8cm,修顺裤裆线。

❺ 整布

使经纬纱垂直,布面平整。

❻ 排版

布面折双先排前后片再排腰带、口袋布、拉链持出布和贴边。

❼ 裁布

前片F×2、后片B×2、腰带×1、口袋布PA×2、口袋布PB×2、前片袋口贴边F1×2、口袋口布PA1×2、拉链持出布×1、拉链贴边×1。

❽ 做记号

于完成线上做记号或做线钉（腰围线、胁边线、下摆线、股下线、口袋位置、中心剪牙口、口袋对合记号点）。

❾ 烫衬

前片袋口位置贴牵条、拉链持出布和贴边贴布衬、腰带前片贴腰带衬（后片上松紧带布贴衬）。

❿ 拷克机缝

前后片胁边线、股下线、裤裆线、口袋布（车缝后再合拷）、拉链持出布和贴边。

版型制图步骤

前片

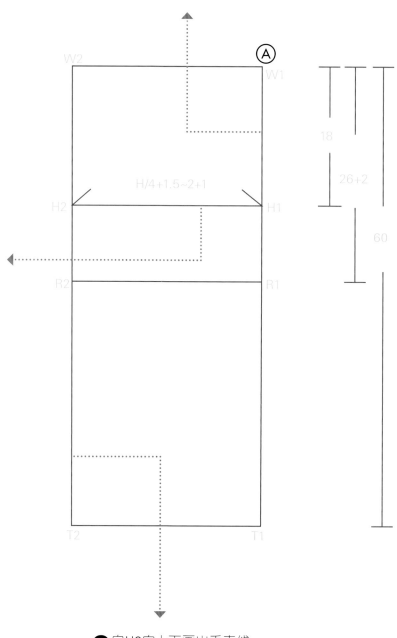

1 自Ⓐ点取裤长60cm，腰长18cm，取股上长26+2=28cm。

POINT | 此款式为裙裤，股上长+2穿起来会比较舒适。亦可依个人设计而增减松份。

2 自H1画线垂直于前中心线，定H2，H1～H2=H/4+1.5～2+1=25～25.5cm。

POINT | +1.5～2是臀围松份，+1是前后差。

3 自H2向上下画出垂直线，定出腰围线上的点W2，股上线上的点R2，裤口线上的点T2。

8 W3～W4取W/4＋4＋1＝21cm，弧线连接H2→W4并往上延伸1.2cm，定W5；W3～W6＝0.5cm，弧线连接W5→W6。

POINT | W/4＋4＋1，＋4是前片两道褶份宽，尺寸越大，展开后的下摆宽也会越大，褶数与褶份可依设计确定，＋1是前后差。注意：W5→W6要与前中心线和胁边线垂直。

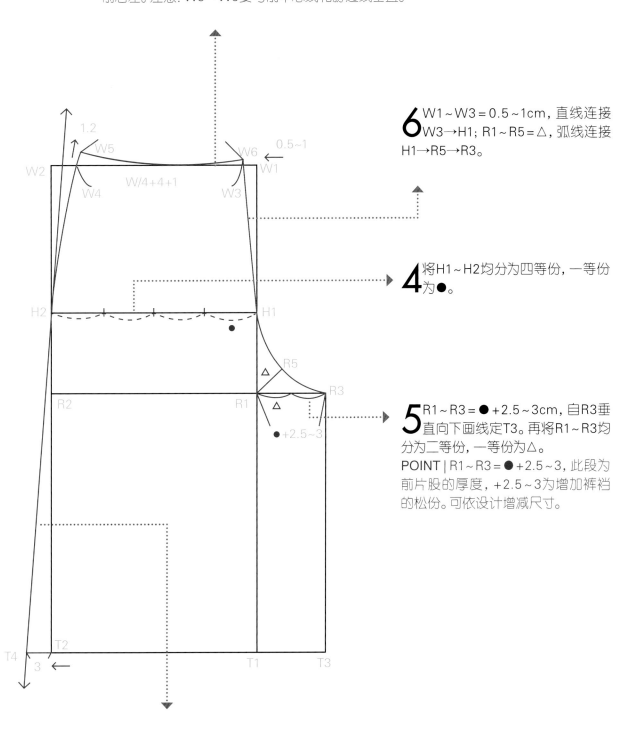

6 W1～W3＝0.5～1cm，直线连接W3→H1；R1～R5＝△，弧线连接H1→R5→R3。

4 将H1～H2均分为四等份，一等份为●。

5 R1～R3＝●＋2.5～3cm，自R3垂直向下画线定T3。再将R1～R3均分为二等份，一等份为△。

POINT | R1～R3＝●＋2.5～3，此段为前片股的厚度，＋2.5～3为增加裤裆的松份。可依设计增减尺寸。

7 T2～T4取3cm，直线连接T4→H2，并往上延伸至腰围线。

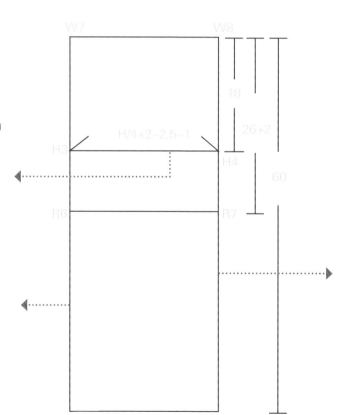

11 R3~R6均分为二等份，自R7垂直上下标出D1、T7，下方画剪刀。D2~D1=D1~D3=1cm，D1~D4=9cm，直线连接D2→D4、D3→D4。

POINT | D1→T7表示褶山线（裤子的中心线），此线段表示要折叠展开（褶子折叠，D4→T7展开）。

12 W5~D1均分为二等份，D5是中点；D4~M1均分为二等份，D6是中点。D7~D5=D5~D8=1cm，直线连接D8→T5，D8~D6=9cm。直线连接D5→D6、D7→D6。

POINT | 褶宽2cm是由W/4+4+1中的+4而来，因为要打两道褶，所以一道是2cm。

10 H1→T1下方画剪刀，旁边标记1~1.5cm。

POINT | 剪刀表示此线段要展开，压住H1处展开T1处1~1.5cm，增加裙裤下摆的份量。

9 T3~T4均分为四等份，自T5向胁边线画垂直线，定T6，得出T4~T6=☆的高度。

POINT | T5处要修顺下摆。

后片

14 自H3画线垂直于后中心线，H3~H4=H/4+2~2.5−1=23.5~24cm。

POINT | H/4+2~2.5+1，+2~2.5是臀围松份，−1是前后差。

13 W7~T9取裤长60cm，W7~H3取腰长18cm，W7~R6取股上长26+2=28cm。

15 自H4向上下画出垂直线，定出腰围线上的点W8，股上线上的点R7，裤口线上的点T10。

19 自W10~W11取W/4+3−1=18cm，弧线连接H4→W11并延伸过腰围线1.2cm，定W12，弧线连接W12→W10。

POINT | W/4+3−1，+3是后片一道褶份宽，尺寸越大，展开后的下摆宽也会越大；−1是前后差。注意：W12→W10要与后中心线和胁边线垂直，后腰完成线会离开基础腰围线。

17 W7~W9=2cm，直线连接R6→W9并延伸过腰围线2~2.5cm，定W10，自W10画R6→W10的垂直线与腰围线相交；H7~H5=2~2.5cm，自H5画垂直线与臀围线相交；R6~R9=△（将R6~R8均分为二等份，一等份为△），弧线连接H5→R9→R8。

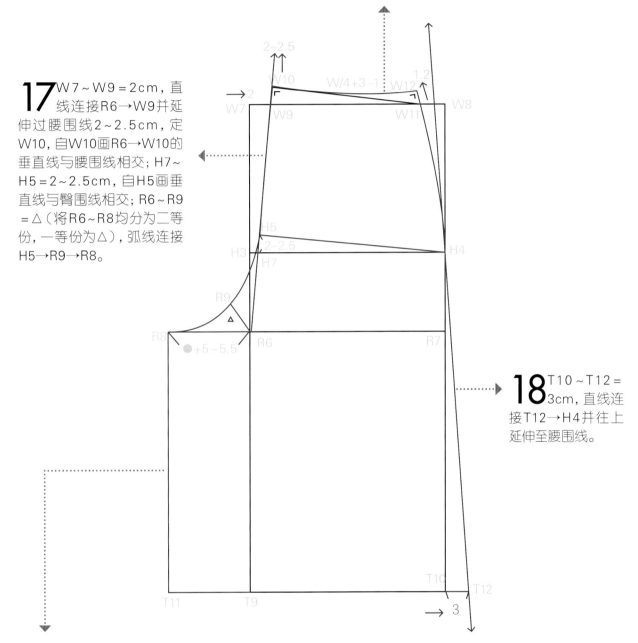

18 T10~T12=3cm，直线连接T12→H4并往上延伸至腰围线。

16 R6~R8=●+5~5.5cm（将H3~H4均分为四等份，一等份为●），自R8垂直向下画线，定T11。

POINT | R6~R8=●+5~5.5，此段为后片股的厚度，因为臀部的关系，后片股的厚度比前片大，+5~5.5是为增加裤裆的松份。可依体型或设计增减尺寸。

21 W10～W12均
分为二等份，
中点是D9。自D9垂
直于腰围线往下画至
新臀围线，交于H6；
H6～D10＝5cm，D10
往右0.5cm为D11，在
D9左右取褶宽3cm
（D12～D13＝3），直线
连接褶子D12→D11、
D13→D11。

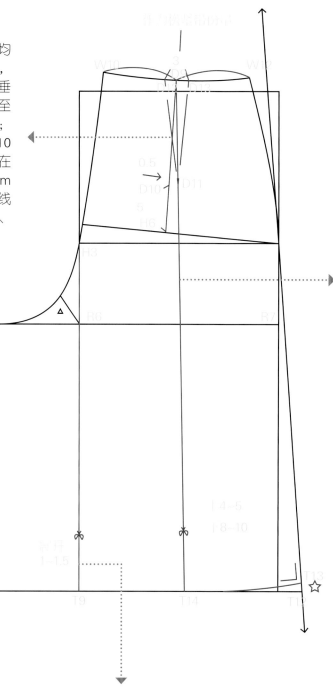

22 直线连接D9→D11并
延伸至下摆，定T14。
D9→T14要切展，上面展开4～
5cm，下方展开8～10cm。
POINT | 此线段褶子不折叠，
将褶子的份量作为松紧带份
量，因款式需要，故再追加4～
5cm的松紧带份量（此份量越
多，裙裤越宽大）。下方展开8～
10cm，为增加的裙裤下摆宽度
（可依设计自行调整）。

20 H3→T9下方画剪刀，旁边标记1～1.5cm。
POINT | 剪刀表示此线段要剪开，压住
H3处展开T9处1～1.5cm，增加裙裤下摆的份
量。

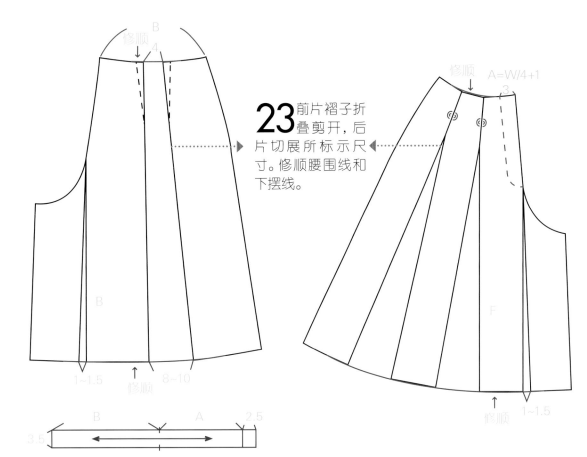

23 前片褶子折叠剪开，后片切展所标示尺寸。修顺腰围线和下摆线。

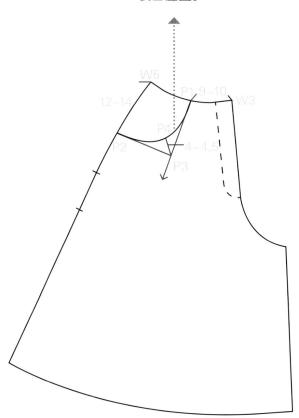

24 依P1~P4画出袋口位置。

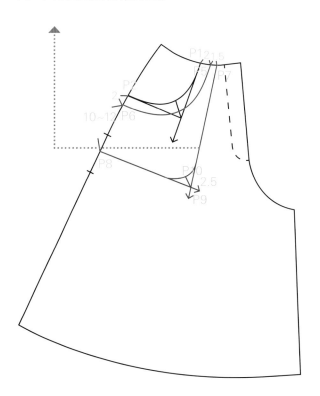

25 P1~P5=2cm，P2~P6=2cm，平行于袋口连接P5→P6；依P7~P10画出口袋布位置。

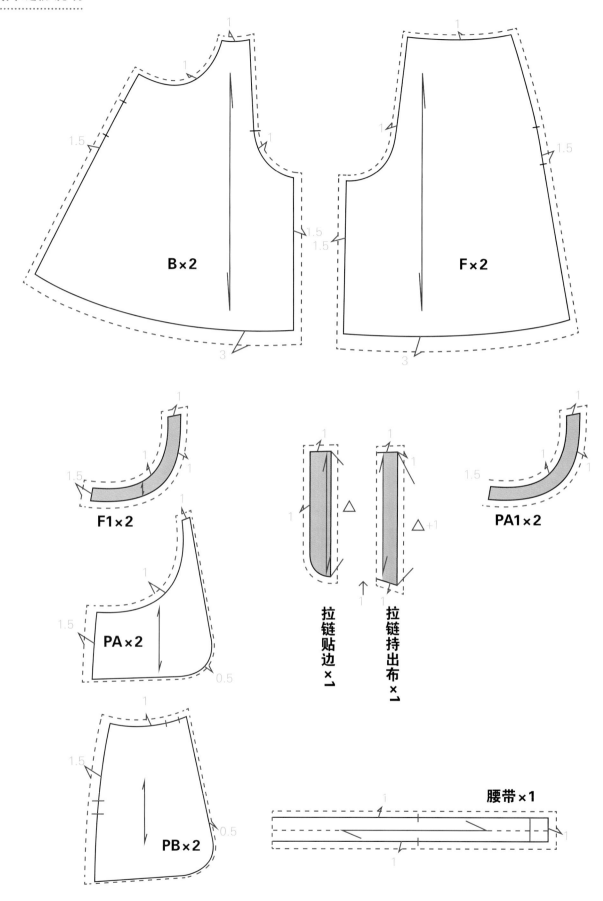

B×2

F×2

F1×2

PA×2

PB×2

拉链贴边×1

拉链持出布×1

PA1×2

腰带×1

缝制 sewing

材料说明

单幅用布:(裤长+缝份)×3
双幅用布:(裤长+缝份)×1.5
腰带衬约45cm
松紧带30cm
普通拉链18cm1条
扣子1颗

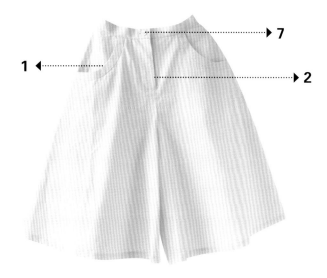

1. 车缝前片口袋。

2. 车缝前片拉链。

3. 车缝前后胁边线和股下线。

4. 车缝裤裆线(股上线)。

5. 车缝腰带和后松紧带。

6. 车缝裙裤下摆。

7. 前中心开扣眼、缝扣子。

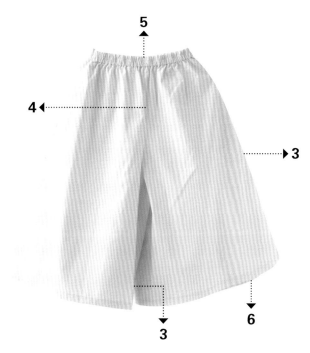

全长喇叭裤

Preview

基本尺寸
腰围－64cm
臀围－90cm
腰长－18cm
股上－26cm
膝上围－38cm
裤口围－50cm
裤长－94cm

版型重点
· 低腰腰带
· 前片浅弧线剪接式口袋
· 前开拉链设计
· 喇叭线条设计

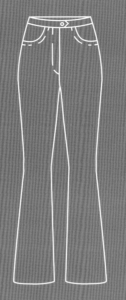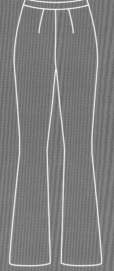

❶ 确认款式
全长喇叭裤。

❷ 量身
裤长、腰长、股上、腰围、臀围、膝上围、裤口围。

❸ 打版
前片、后片、低腰腰带、口袋、拉链持出布、拉链贴边。

❹ 补正纸型
· 确认前后中心线与腰围线垂直。
· 确认胁边线和腰围线、下摆线垂直。
· 前后裤裆，对合股下线6～8cm，修顺裤裆线。
· 低腰腰带褶子折叠修顺线条。

❺ 整布
使经纬纱垂直，布面平整。

❻ 排版
布面折双先排前后片，再排腰带、口袋布、拉链持出布和贴边。

❼ 裁布
前片F×2、后片B×2、前片左腰带FL×2、前片右腰带FR×2、后片腰带B1折双×2、口袋布PA×2、口袋布PB×2、拉链持出布×1、拉链贴边×1。

❽ 做记号
于完成线上做记号或做线钉（腰围线、胁边线、下摆线、股下线、口袋位置、中心剪牙口、口袋对合记号点）。

❾ 烫衬
前片袋口位置贴牵条、拉链持出布和贴边贴布衬、腰带前后片贴布衬。

❿ 拷克机缝
前后片胁边线、股下线、裤裆线、口袋布（车缝后再合拷）、拉链持出布和贴边。

版型制图步骤

1 自 Ⓐ 点取腰长18cm, 股上长26cm。

2 自H1画线垂直于前中心线, 定H2, H1~H2=H/4+0.5~1=23~23.5cm。自H2向上下画垂直线, 定出腰围线上的点W2, 股上线上的点R2。
POINT | H/4+0.5~1, +0.5~1是臀围松份。如用弹性布制作, 臀围不需加松份, 若减少臀围尺寸, 穿着时会更贴身。

3 将H1~H2均分为四等份, 一等份为●。R1~R3=●−1.5cm, 再将R3~R2均分为二等份, 定R4。
POINT | R1~R3=●−1.5cm, 此为前片股的厚度, 股的厚度和款式、体型有关, 款式较宽松或体型偏胖, 股的厚度相对较大。此款喇叭裤为合身型, 所以股的厚度较小。

4 自R4往上下画出折山线(即裤管中心线), W3~T1=94+2=96cm。
POINT | W3~T1=94+2=96cm。+2是增加全裤长的长度, 全长喇叭裤若搭配高跟鞋, 可再增加裤长。

6 弧线连接R3→K3→T2。

7 弧线连接R2→K4→T3。

5 R4~T1均分为二等份, K1为中点, 由K1往上7cm, K2~K3=K2~K4=9cm; T1~T2=T1~T3=12cm。
POINT | K1~K2=7cm, 膝线提高越多, 比例越佳, 越有修长感。

8 T1~T4=1~1.5cm, 弧线连接T2→T4→T3。

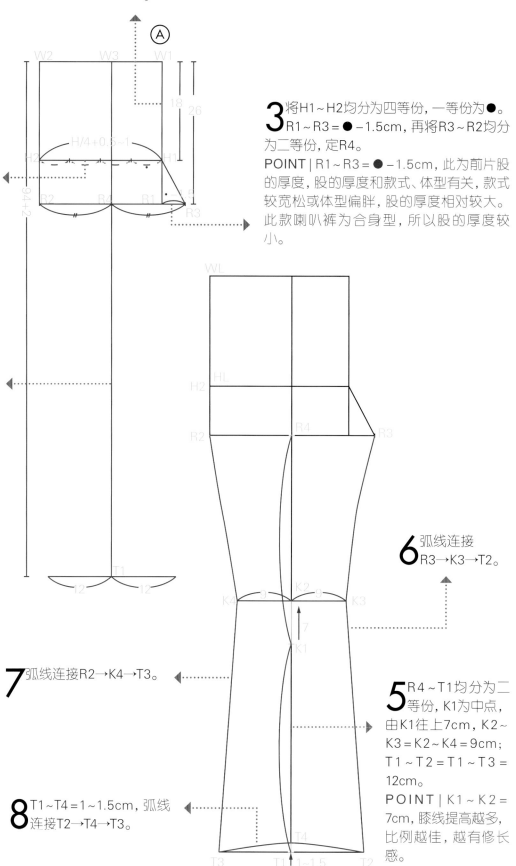

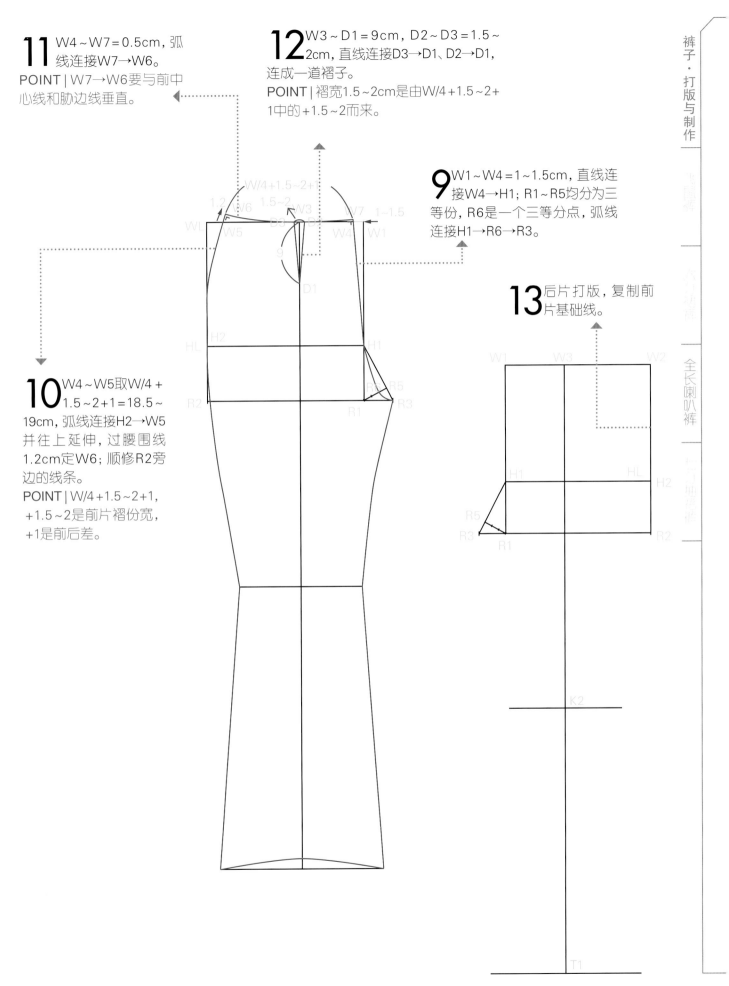

11 W4~W7=0.5cm，弧线连接W7→W6。

POINT | W7→W6要与前中心线和胁边线垂直。

12 W3~D1=9cm，D2~D3=1.5~2cm，直线连接D3→D1、D2→D1，连成一道褶子。

POINT | 褶宽1.5~2cm是由W/4+1.5~2+1中的+1.5~2而来。

9 W1~W4=1~1.5cm，直线连接W4→H1；R1~R5均分为三等份，R6是一个三等分点，弧线连接H1→R6→R3。

13 后片打版，复制前片基础线。

10 W4~W5取W/4+1.5~2+1=18.5~19cm，弧线连接H2→W5并往上延伸，过腰围线1.2cm定W6；顺修R2旁边的线条。

POINT | W/4+1.5~2+1，+1.5~2是前片褶份宽，+1是前后差。

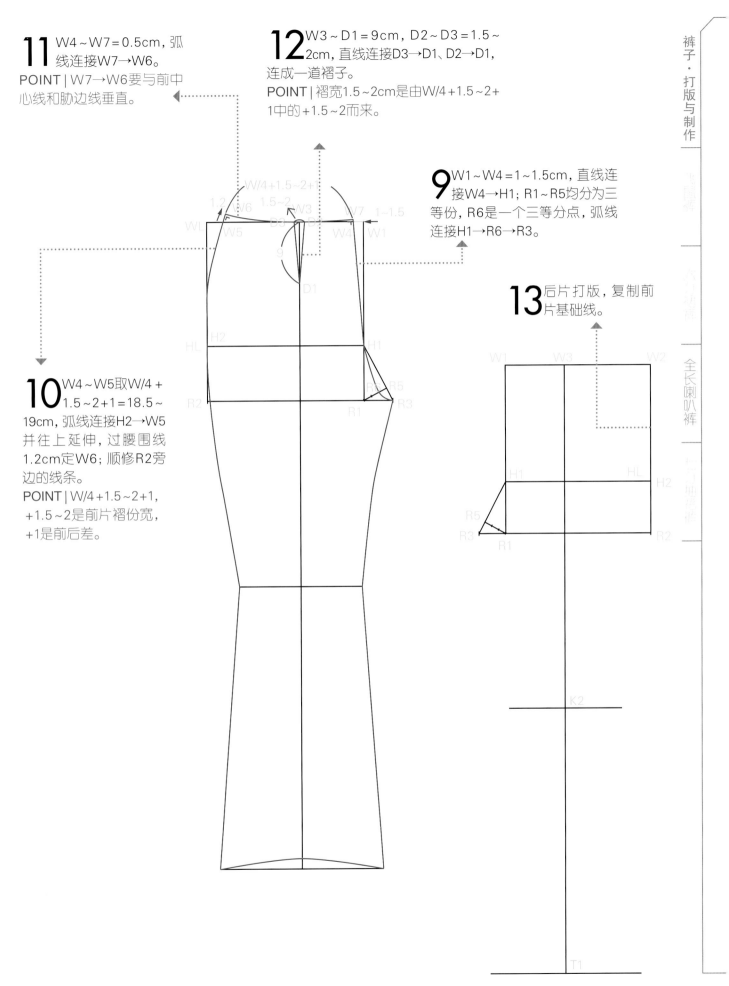

16 自W9画垂直于R9→W9的线至腰围线上；H3~H4＝3cm，自H4画垂直于R9→W9的线至臀围线上。

15 W1~W3均分为二等份，W7~W8＝1cm，R1~R9＝1cm，直线连接R9→W8并延伸过腰围线3cm，定W9。

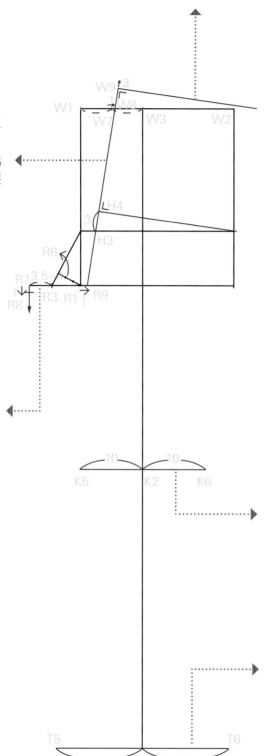

14 R3~R7＝3.5~4cm，自R7~R8＝1cm。
POINT | R1~R7为后片股的厚度，因为臀部的关系，后片股的厚度比前片大，以增加松份。可依体型或设计增减尺寸。

17 取K2~K5＝K2~K6＝10cm。
POINT | 前片K2~K3＝K2~K4＝9cm；后片k2~K5＝K2~K6＝10cm。此款膝上围是38cm，前片38/4－0.5，后片38/4＋0.5，±0.5为前后差。喇叭裤讲究合身度，打版尺寸会依体型不同或布料有无弹性而改变。

18 取T1~T5＝T1~T6＝13cm。
POINT | 前片T1~T2＝T1~T3＝12cm；后片T1~T5＝T1~T6＝13cm。此款裤口围设定为50cm，前片50/4－0.5，后片50/4＋0.5，±0.5为前后差。裤口围影响喇叭线条，可依设计确定大小。

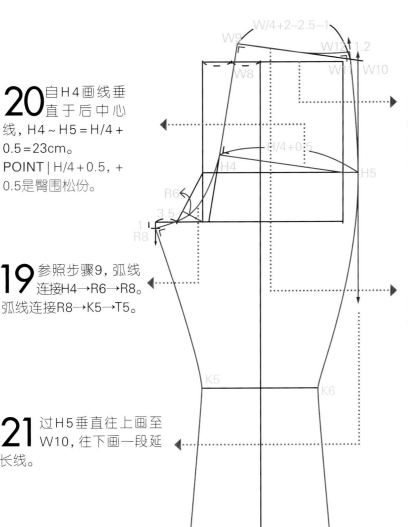

20 自H4画线垂直于后中心线，H4～H5 = H/4 + 0.5 = 23cm。
POINT | H/4 + 0.5，+0.5是臀围松份。

19 参照步骤9，弧线连接H4→R6→R8。弧线连接R8→K5→T5。

21 过H5垂直往上画至W10，往下画一段延长线。

24 T1～T7 = 1.5～2cm，弧线连接T5→T7→T6。
POINT | 全长喇叭裤的裤口线条前短后长。

22 W9～W11取W/4 + 2～2.5 - 1 = 17～17.5cm，弧线连接H5→W11并往上延伸1.2cm，定W12，往下弧线连接H5→K6→T6。
POINT | W/4 + 2～2.5 - 1，+2～2.5是后片一道褶份宽，-1是前后差。

23 弧线连接W9→W12。
POINT | W9→W12要与后中心线、胁边线垂直，后腰完成线会离开基础腰围线。

25 W9～W12均分为二等份，W13为中点。自W13垂直于腰围线往下画至新臀围线上的点H6；H6～D4 = 5cm，在W13左右取褶宽（D5～D6 = 2～2.5cm），D4往右0.5cm定D7，直线连接D5→D7、D6→D7，连成一道褶子。

26 W9~W12平行下降2cm（L1~
L2），L1~L2再平行下降3.5cm
（L3~L4）。

POINT | L1~L2为低腰围线，3.5cm为
腰带宽；可依设计确定低腰位置和腰带
宽度。

POINT | 腰带上的褶子要在纸上折叠。

27 W6~W7平行下降2cm（L5~
L6），L5~L6再平行下降3.5cm
（L7~L8）。确定L9、L10、L13、L14等
点，依序画出前片左右腰带。

左腰带　　　　　　　**右腰带**

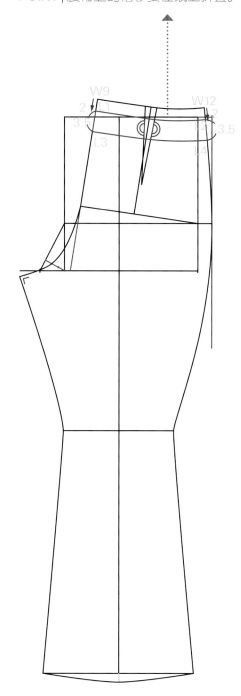

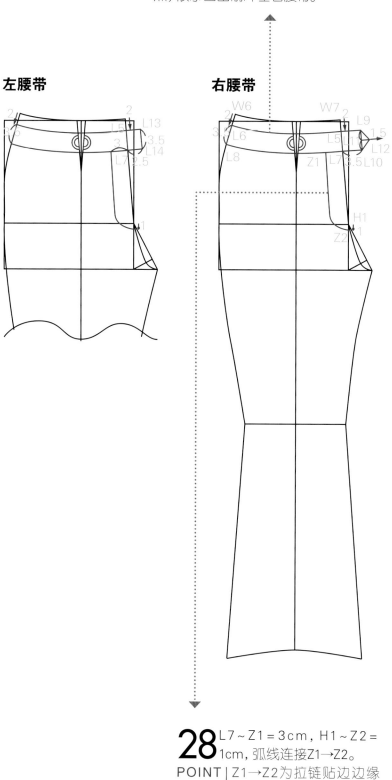

28 L7~Z1＝3cm，H1~Z2＝
1cm，弧线连接Z1→Z2。

POINT | Z1→Z2为拉链贴边边缘
线。

口袋

29 依P1~P5画出袋口位置。
POINT | 袋口位置和线条可依设计而改变。

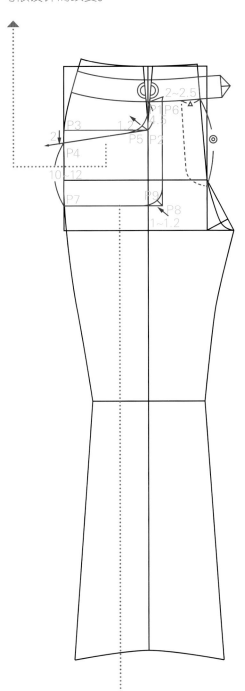

30 P1~P6=2~2.5cm, P4~P7=10~12cm, 依P6~P9画出口袋布位置。

31 将P1~P0（★）褶宽, 从胁边扣除。

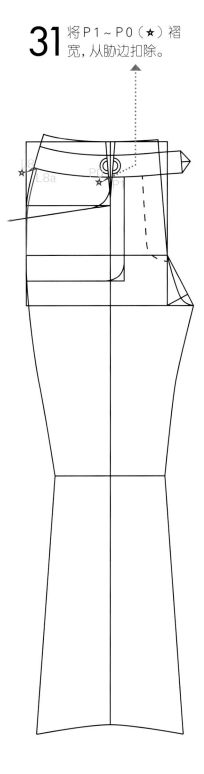

腰带修正

32 前后片腰带褶子纸型合并。上补下修腰围线。

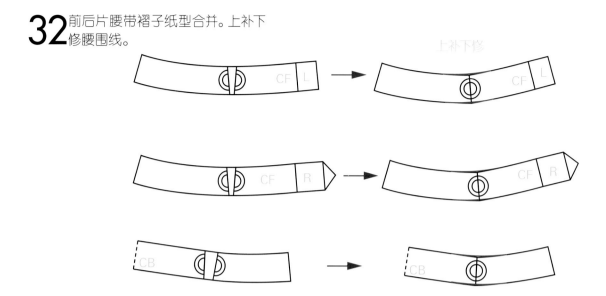

裁片缝份说明

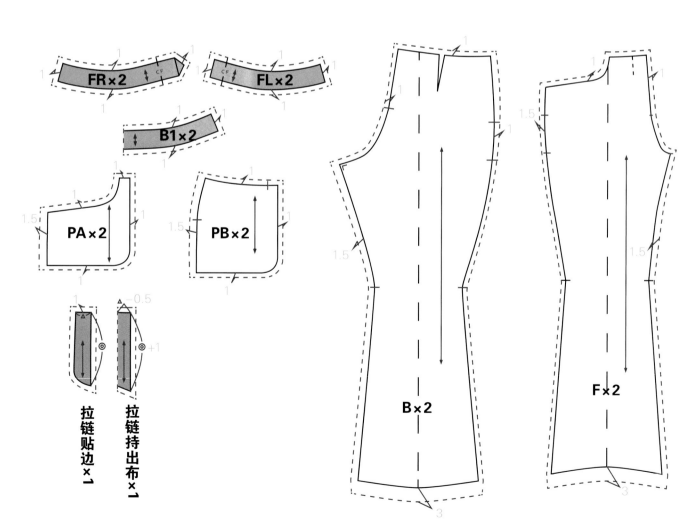

缝制 sewing

材料说明

单幅用布:(裤长+缝份)×2

双幅用布: 裤长+缝份

布衬45cm

普通拉链15cm1条

扣子1颗(或按扣1副)

1. 车缝后片褶子。

2. 车缝前片剪接式口袋。

3. 车缝前片拉链。

4. 车缝前后胁边线和股下线。

5. 车缝裤裆线(股上线)。

6. 车缝腰带。

7. 车缝裤口下摆。

8. 前中心开扣眼、缝扣子(或不开扣眼,直接缝按扣)。

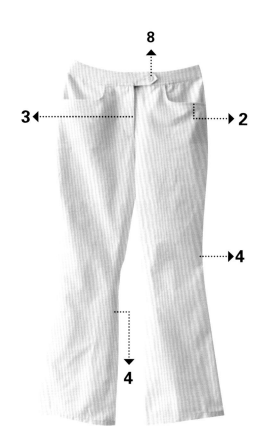

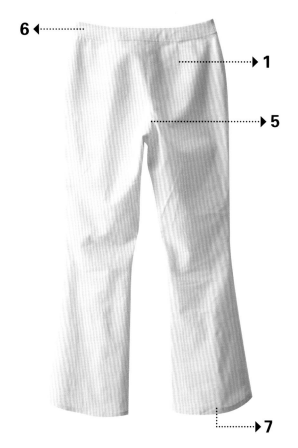

七分抽褶裤

Preview

基本尺寸

腰围－64cm
臀围－90cm
腰长－18cm
股上－26cm
裤长－65cm
裤口围－36cm

版型重点

· 中腰腰带
· 后片双滚边口袋
· 前开不对称拉链设计
· 裤裆剪接抽褶设计

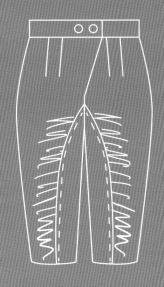
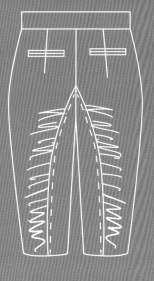

❶ 确认款式
七分抽褶裤。

❷ 量身
裤长、腰长、股上、腰围、臀围、裤口围。

❸ 打版
前片、后片、腰带、口袋、拉链持出布、拉链贴边。

❹ 补正纸型
· 确认前后中心线与腰围线垂直。
· 确认胁边线和腰围线、下摆线垂直。
· 前后裤裆，对合股下线6～8cm，修顺裤裆线。
· 抽褶处展开后，要修顺线条。

❺ 整布
使经纬纱垂直，布面平整。

❻ 排版
布面折双先排前后片再排腰带、口袋布、拉链持出布和贴边。

❼ 裁布
前外片F2×2、前内片F1×2、后外片B2×2、后内片B1×2、腰带×1、口袋滚边布×4、口袋贴边×2、口袋布×2、拉链持出布×1、拉链贴边×1。

❽ 做记号
于完成线上做记号或做线钉（腰围线、胁边线、下摆线、股下线、口袋位置、中心剪牙口、抽褶对合记号点）。

❾ 烫衬
后片袋口位置贴布衬、口袋滚边布和贴边贴布衬、拉链持出布和贴边贴布衬、腰带贴腰带衬。

❿ 拷克机缝
前后片胁边线、股下线、前后片抽褶剪接线车缝后再合拷、口袋布（车缝后再合拷）、拉链持出布和贴边。

版型制图步骤

1 自Ⓐ点取腰长18cm,
取股上长26cm。

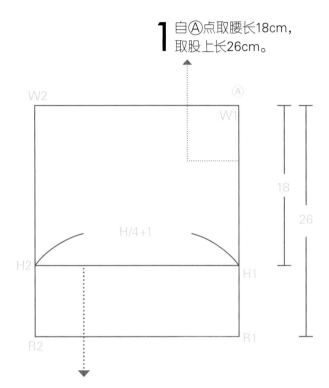

2 自H1画线垂直于前中心线,
H1～H2＝H/4＋1＝23.5cm。自
H2向上下画直线,定出腰围线上的
点W2,股上线上的点R2。
POINT | H/4＋1,＋1是臀围松份,依
设计决定宽松份。

3 将H1～H2均分为四等份,一等份为●。
R1～R3＝●－1,再将R3～R2均分为二
等份,中点为R4。
POINT | R1～R3＝●－1,此为前片股的厚
度,股的厚度和款式、体型有关,款式越
宽松或体型较胖,股的厚度相对较大。

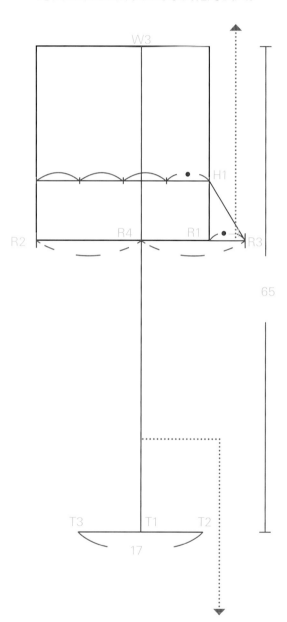

4 由R4往上下画出折山线(即裤管中
心线),W3～T1＝65cm,T2～T3＝
17cm。
POINT | W3～T1＝65cm,此款为六分
裤;T2～T3＝17cm,宽口裤裤口围36cm,
36/2－1＝17cm,为前裤口宽度。

7 W4～W5＝0.5cm，弧线连接 W5→W7。

POINT | W5→W7要与前中心线、 胁边线垂直。

5 W1～W4＝1cm，直线 连接W4→H1；R1～ R5均分为三等份，第二个 等分点为R6，弧线连接 H1→R6→R3。弧线连接 R3→T2。

6 W2～W6＝2cm，弧 线连接H2→W6并 往上延伸1.2cm定W7； 弧线连接H2→T3。

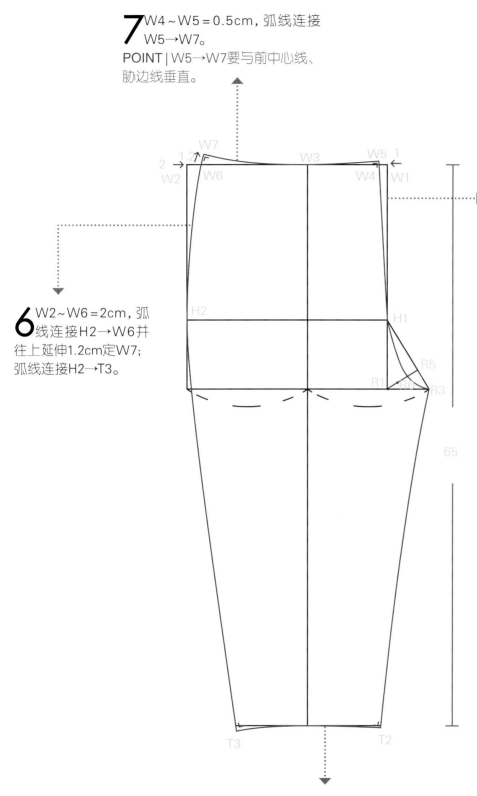

8 T2～T3裤口线条要与前股下线、 胁边线垂直。

9 W3～D1＝9cm，D2～D3＝☆，直线连接D1→D2、D1→D3，连成一道褶子。

POINT | 在新腰线上取W/4+1，其余份量均分为二等份，一等份为褶宽☆；褶宽（☆）的大小属于被动数值，会因体型而改变，直筒体型者，褶宽较小，腰细臀大者，褶宽较大。

11 W5～W9＝7cm，W5→W9应垂直于前中心线，直线连接W9→H1。

POINT | W5～W9是前片拉链不对称设计重叠的份量，可依设计而调整尺寸。

10 将D3～W7线段均分为二等份，中点为W8，D1至胁边线也均分为二等份，中点为D4，W8～D4＝9cm，D5～D6＝☆，直线连接D4→D5、D4→D6，连成一道褶子。

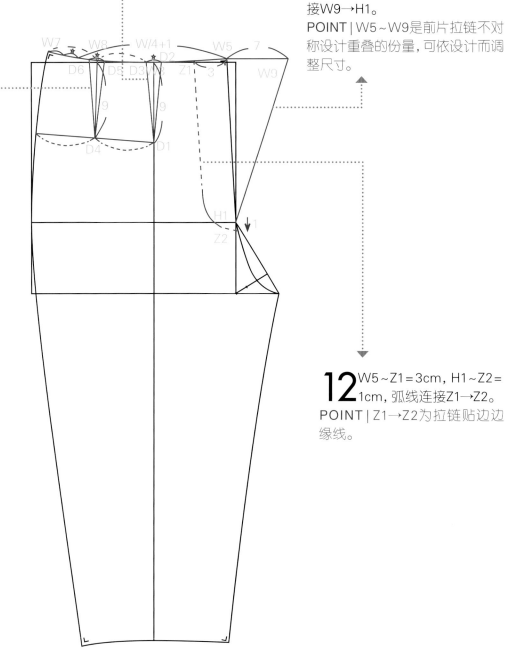

12 W5～Z1＝3cm，H1～Z2＝1cm，弧线连接Z1→Z2。

POINT | Z1→Z2为拉链贴边边缘线。

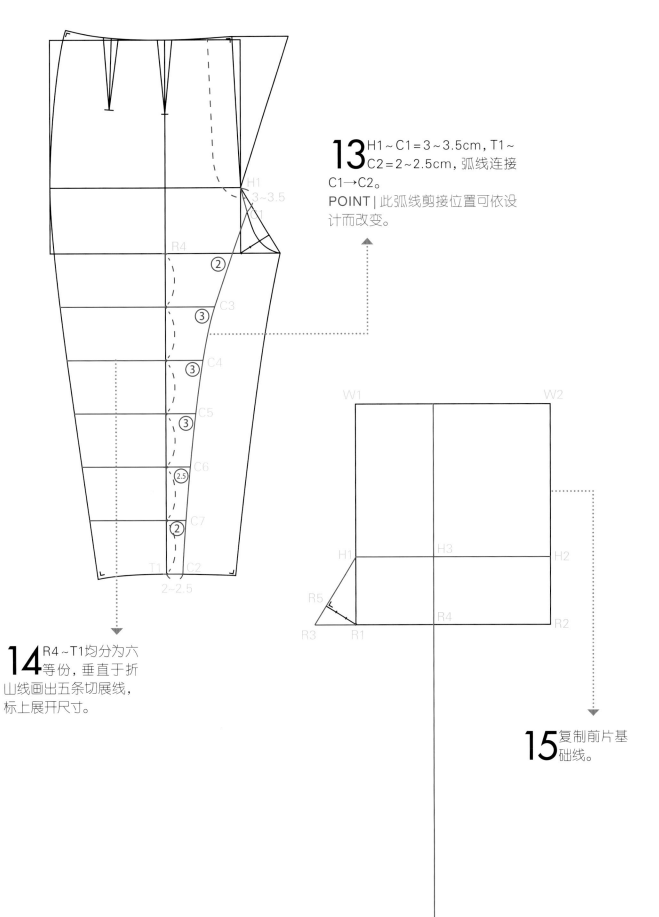

13 H1～C1＝3～3.5cm，T1～C2＝2～2.5cm，弧线连接 C1→C2。
POINT | 此弧线剪接位置可依设计而改变。

H1
3～3.5
C1

R4
②
C3
③
③ C4
③ C5
2.5 C6
② C7
T1 C2
2～2.5

14 R4～T1均分为六等份，垂直于折山线画出五条切展线，标上展开尺寸。

W1　　　　　　　W2

H1　　　H3　　　H2

R5

R3　R1　　　R4　　　R2

T1

15 复制前片基础线。

17 W1～W3均分为二等份,中点为W9,直线连接R1→W9并延伸过腰围线3cm定W10,自W10画刚才所画线的垂直线交于腰围线上。

18 R1→W9与臀围线相交于H3,H3～H4＝3cm,自H4画R1→W9的垂直线交于臀围线上,此线即为新臀围线

16 R3～R7＝4cm,R7～R8＝1cm。POINT｜R1～R7,此段为后片股的厚度,因为后片有臀部,所以要增加松份。可依体型或设计增减尺寸,如圆身体型大,扁身体型小。

19 弧线连接H4→R6→R8。

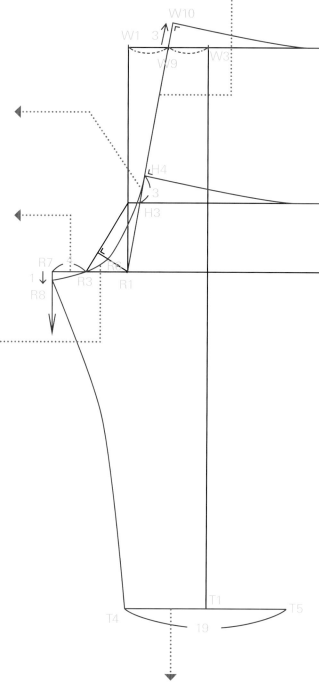

20 T4～T5＝19cm,弧线连接R8→T4。
POINT｜前裤口宽度T2～T3＝17cm,后裤口宽度T4～T5＝19cm,36/2+1＝19cm。此款裤口围为36cm。

24 在W10~W13腰围线上取W/4−1，其余份量为★（即打褶份）。

23 弧线连接W10→W13。

POINT | W10→W13要与后中心线和胁边线垂直，后腰完成线会离开基础腰围线。

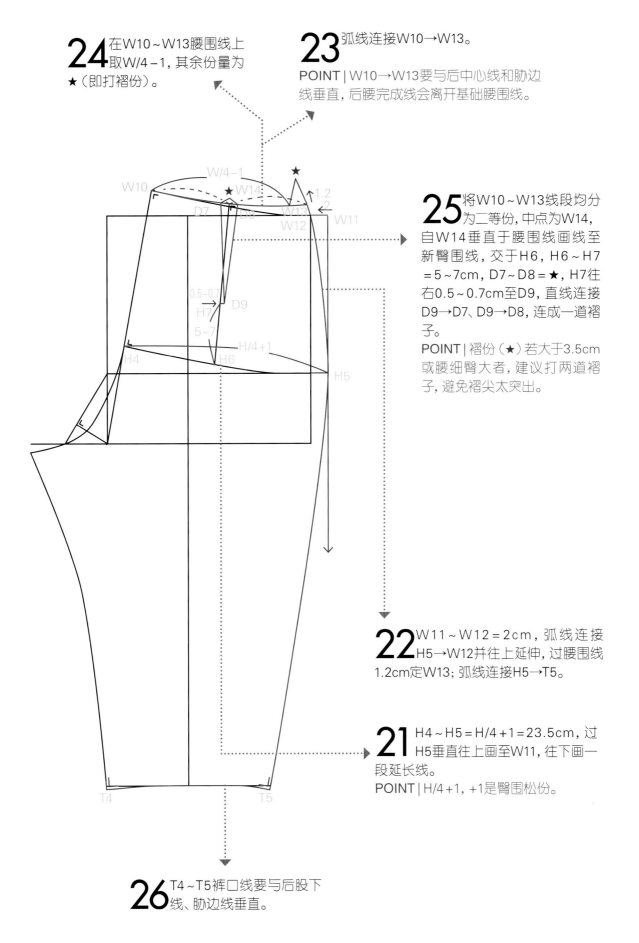

25 将W10~W13线段均分为二等份，中点为W14，自W14垂直于腰围线画线至新臀围线，交于H6，H6~H7＝5~7cm，D7~D8＝★，H7往右0.5~0.7cm至D9，直线连接D9→D7、D9→D8，连成一道褶子。

POINT | 褶份（★）若大于3.5cm或腰细臀大者，建议打两道褶子，避免褶尖太突出。

22 W11~W12＝2cm，弧线连接H5→W12并往上延伸，过腰围线1.2cm定W13；弧线连接H5→T5。

21 H4~H5＝H/4+1＝23.5cm，过H5垂直往上画至W11，往下画一段延长线。

POINT | H/4+1，+1是臀围松份。

26 T4~T5裤口线要与后股下线、胁边线垂直。

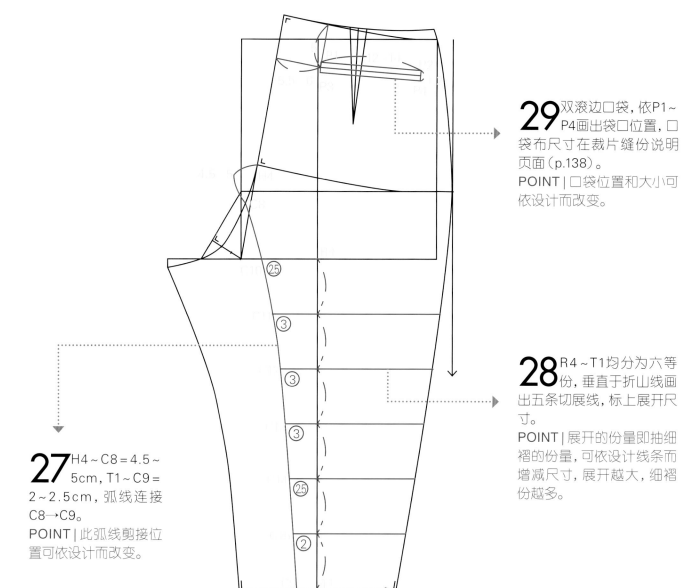

29 双滚边口袋，依P1～P4画出袋口位置，口袋布尺寸在裁片缝份说明页面（p.138）。
POINT | 口袋位置和大小可依设计而改变。

28 R4～T1均分为六等份，垂直于折山线画出五条切展线，标上展开尺寸。
POINT | 展开的份量即抽细褶的份量，可依设计线条而增减尺寸，展开越大，细褶份越多。

27 H4～C8＝4.5～5cm，T1～C9＝2～2.5cm，弧线连接C8→C9。
POINT | 此弧线剪接位置可依设计而改变。

30 腰带。

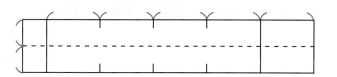

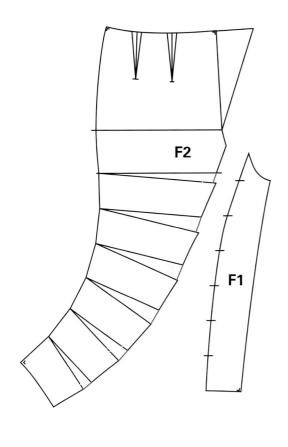

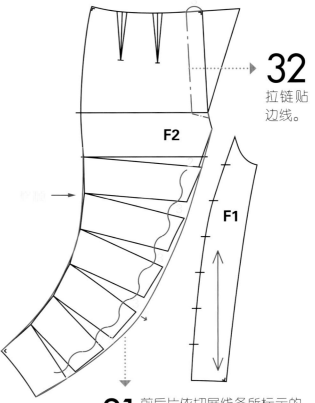

32 拉链贴边线。

31 前后片依切展线条所标示的尺寸展开（胁边不展开），再修顺胁边线和剪接线条。

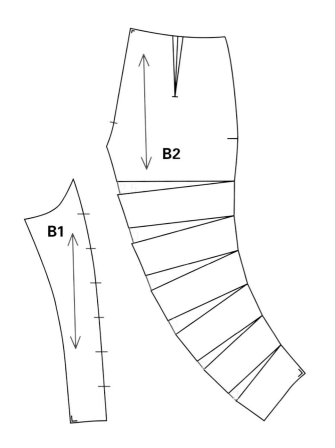

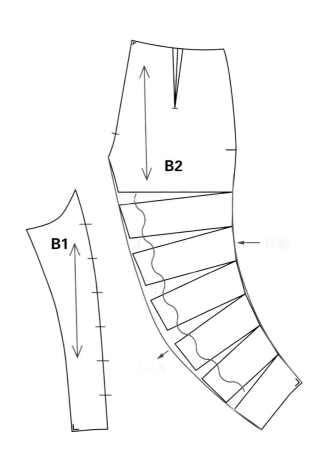

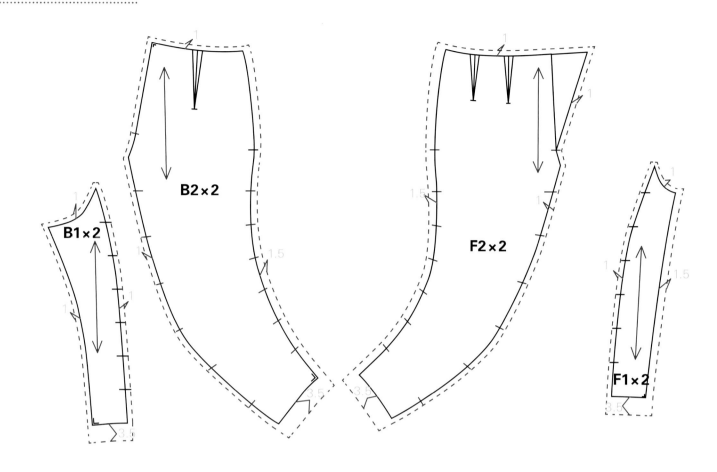

口袋滚边布

口袋贴边

口袋布

拉链持出布×1

拉链贴边×1

腰带×1

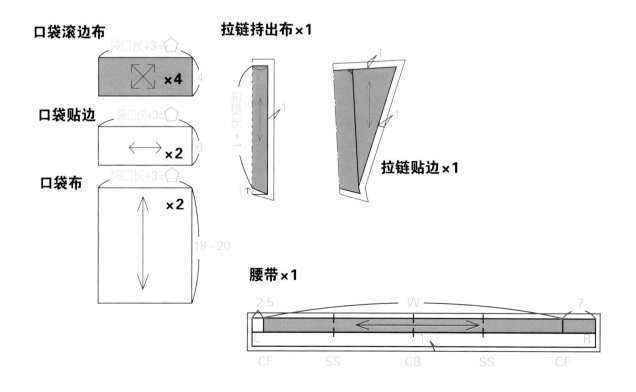

缝制 sewing

材料说明

单幅用布：（裤长+缝份）×3
双幅用布：（裤长+缝份）×1.5
腰带衬1码
布衬30cm
普通拉链19cm 1条
扣子1颗（或按扣1副）

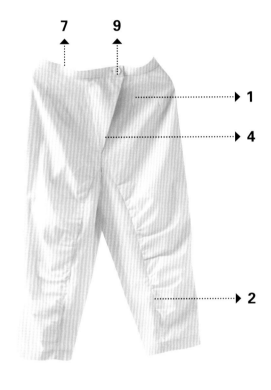

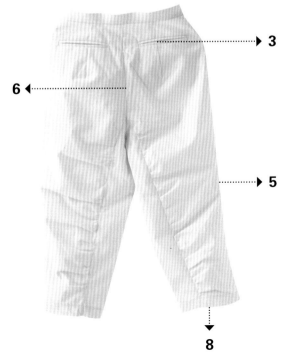

1. 车缝前后片褶子。

2. 剪接抽褶线。

3. 车缝后片双滚边口袋。

4. 车缝前片拉链。

5. 车缝前后胁边线和股下线。

6. 车缝裤裆线（股上线）。

7. 车缝腰带。

8. 车缝裤口下摆。

9. 前中心开扣眼、缝扣子（或不开扣眼，直接缝按扣）。

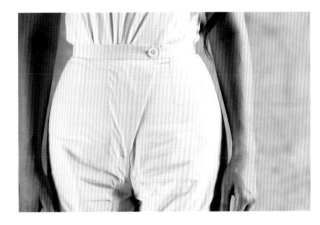

Part 5 / 上衣・打版与制作

新式成人女子原型

进行上衣打版时，必须有一个基本的底型作为平面打版制图的基础，这个底型称为原型。原型基本上就是把人体平面化展开后，加上基本宽松量而制成的。换句话说，就是将立体的、复杂的人体服装平面化、简单化。只要掌握了应用原型的方法，无论何种类别的服装（内衣、洋装、外套），无论何种造型的服装（从最紧身的到最宽松的），均可使用原型来进行打版与设计。

一个好的原型必须具备下列条件：

1. 制图的方法简单易记。

2. 合身度高。

3. 具备灵活性。

依照年龄、性别之不同，服装原型可分为女子、男子、儿童等原型。而依据人体部位之不同，原型又可分为上半身、手臂及下半身等部位之原型。

· 原型的制图

人体上半身的原型，是由胸围与背长尺寸换算而来。胸围是人体上半身重要的尺寸，因此按胸围统计公式计算出的各部位的尺寸与人体上半身的契合度较高。但由于各部份的尺寸不一定与胸围尺寸成比例，所以原型的制图是在按胸围计算出来的尺寸的基础上进行增减变化，以取得更精准的比例。

另外，因妇女服装的右衣身在上面，为方便绘制设计线，均以右衣身为基础。

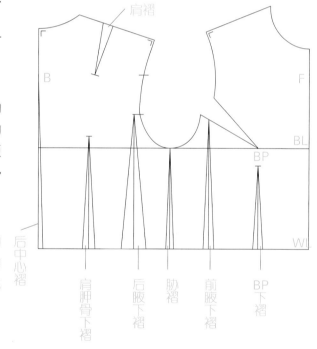

· 褶的份量与分割

在绘制人体上身的原型时，已在胸围尺寸上加入必要的松份，但由于人体上身有胸部和肩胛骨的突出部分与腰部的凹陷部分，如果仅做平面的制图将会产生多余的份量，使原型无法符合人体的线条。因此必须将胸围与腰围之差，即多余的份量，利用褶子来转移调整，以使原型合身。

· 配合设计的褶子处理法

褶子的目的是要使打版合身，所以褶子必须依照款式的需求、布料的特性、布料的图案等条件，设置于效果良好的部位。以上身来说，褶子处理的重点通常是前衣身的胸褶部位，后衣身、袖子等一些部位也常需要做褶子的处理。

新式成人女子原型打版

基本尺寸

胸围—83cm

腰围—64cm

背长—38cm

*各公式尺寸可参考p.150、p.151。

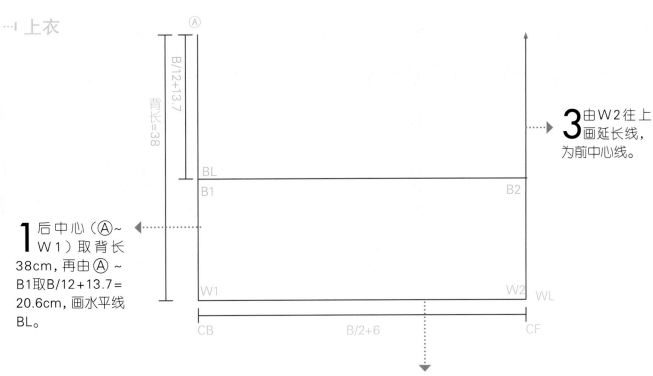

1 后中心（Ⓐ~W1）取背长38cm，再由Ⓐ~B1取B/12+13.7=20.6cm，画水平线BL。

3 由W2往上画延长线，为前中心线。

2 取宽度B/2+6=47.5cm。
POINT|（B/2+6），+6为半身衣服的宽松份，所以原型衣在未打褶子的情况下，一整圈的胸围宽松份是12cm。（日后打版以此为依据增减尺寸，此宽松度适合各种款式。）

5 由后中心B1取背宽B/8+7.4=17.8cm，定B3，自B3垂直于BL往上画出背宽线。

6 由前中心B2取胸宽B/8+6.2=16.6cm，定B4，自B4垂直于BL往上画出胸宽线。

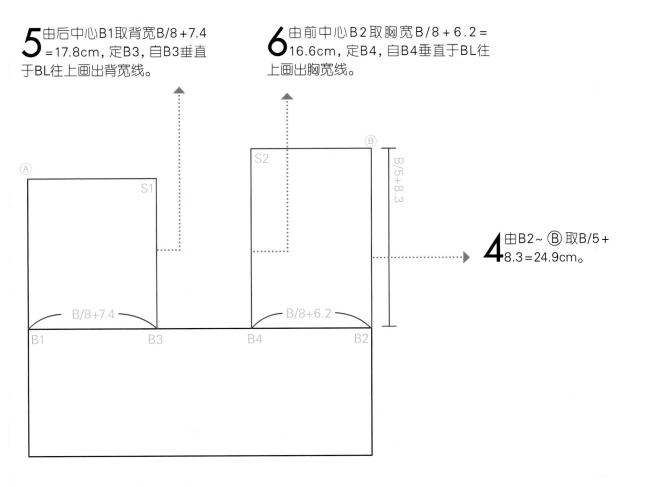

4 由B2~Ⓑ取B/5+8.3=24.9cm。

9 Ⓐ~E1＝8cm，自E1画后中心线的垂直线至E2；E1~E2均分为二等份，中点为E3，E3往右1cm定Ⓔ点。
POINT | Ⓔ点为打肩褶的褶尖点。

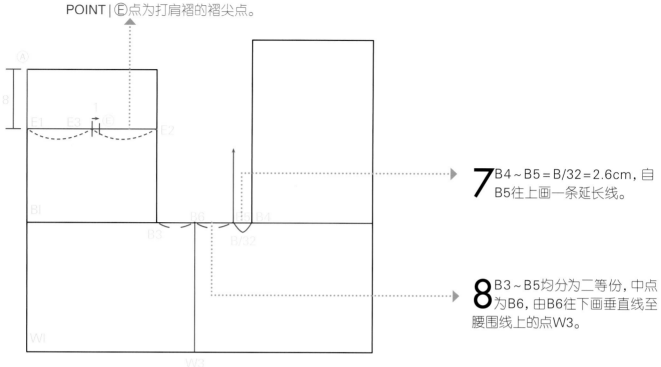

7 B4~B5＝B/32＝2.6cm，自B5往上画一条延长线。

8 B3~B5均分为二等份，中点为B6，由B6往下画垂直线至腰围线上的点W3。

10 E2~B3均分为二等份，中点是G1，再由G1往下0.5cm定G2，过G2画垂直线至G3。

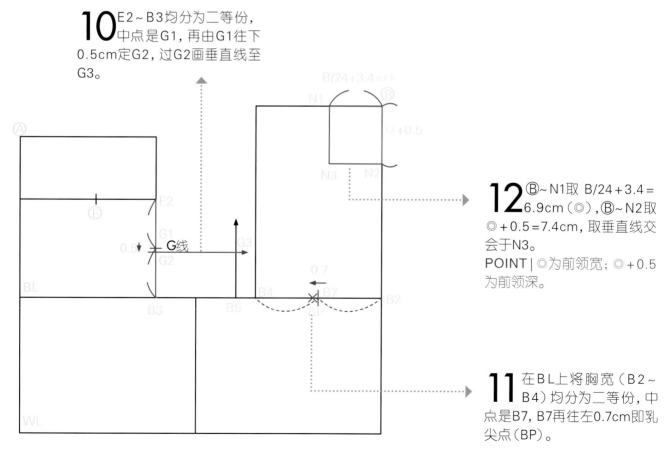

12 Ⓑ~N1取 B/24＋3.4＝6.9cm（◎），Ⓑ~N2取◎＋0.5＝7.4cm，取垂直线交会于N3。
POINT | ◎为前领宽；◎＋0.5为前领深。

11 在BL上将胸宽（B2~B4）均分为二等份，中点是B7，B7再往左0.7cm即乳尖点（BP）。

13

$\text{\textcircled{A}}\sim N5 = \text{\textcircled{◎}} + 0.2 = 7.1\text{cm}$（后领宽），均分为三等份，一等份为$\bullet$；$N5\sim N7 = \bullet$（后领深），弧线连接$N7\to N6$。

POINT | 因为脖子向前倾，故后领宽比前领宽大，前领深比后领深长。

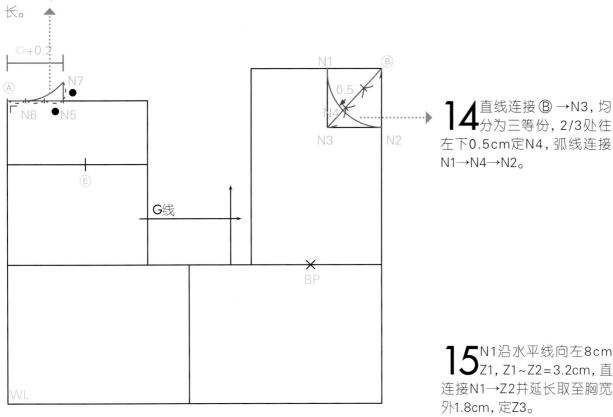

14

直线连接$\text{\textcircled{B}}\to N3$，均分为三等份，2/3处往左下0.5cm定N4，弧线连接$N1\to N4\to N2$。

15

N1沿水平线向左8cm至Z1，$Z1\sim Z2 = 3.2\text{cm}$，直线连接$N1\to Z2$并延长取至胸宽线外1.8cm，定Z3。

POINT | $N1\sim Z3$为前肩宽（$\oplus$），前肩的斜度约22°，所以取$N1\sim Z1 = 8\text{cm}$，$Z1\sim Z2 = 3.2\text{cm}$。

16

N7沿水平线向右8cm至Z4，$Z4\sim Z5 = 2.6\text{cm}$，直线连接$N7\to Z5$并延长取$\oplus + B/32 - 0.8$至Z6。

POINT |（1）$N7\sim Z6$为后肩线，因为后背有肩胛骨，故以$(B/32 - 0.8) = 1.8\text{cm}$为后肩宽的缩份或尖褶份，使后背增加立体感。（2）后肩的斜度约18°，所以取$N7\sim Z4 = 8\text{cm}$，$Z4\sim Z5 = 2.6\text{cm}$做出肩的斜度。斜肩体型斜度大，平肩体型斜度小，可据此做补正。

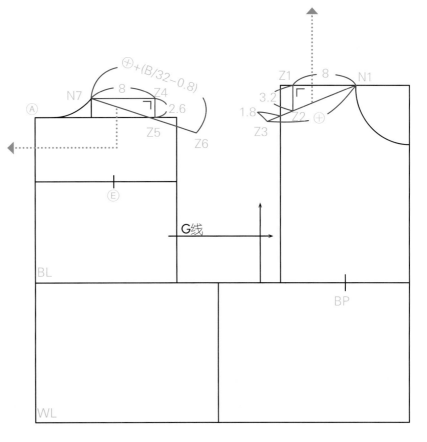

18 弧线连接Z6→G2→G4→B6→G5→G3。
POINT | Z6→G2→G4→B6为后袖窿（BAH）。

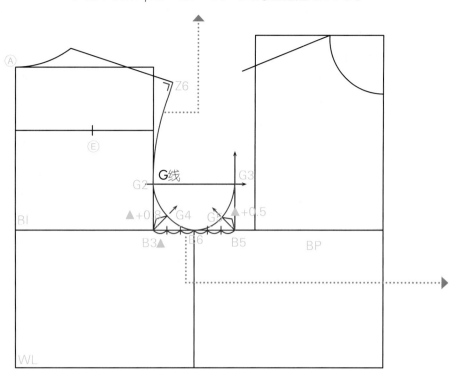

17 B3~B6=B6~B5，分别均分为三等份，一等份为▲，由B3点45°往上▲+0.8cm定G4，B5点45°往上▲+0.5cm定G5。

20 过Ⓔ点画纵向的直线并延长，与肩线交会于E4，E4~E5=1.5cm，E5~E6=B/32−0.8=1.8cm（褶份），直线连接Ⓔ→E5、Ⓔ→E6，连出一道褶子。

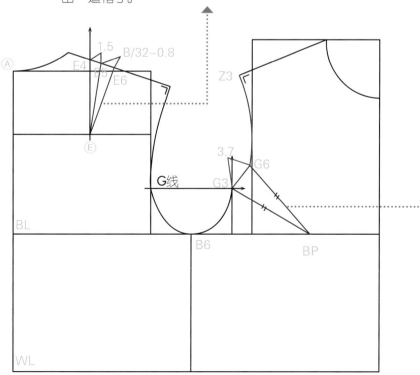

19 直线连接G3~BP，取G3~G6=3.7cm，G3~BP=G6~BP，弧线连接Z3→G6。
POINT | 扣除胸褶后，Z3→G6，G3→B6为前袖窿（FAH）。前后袖窿线须与肩线垂直，袖窿下方成U型。G3~G6=3.7cm，请参考p.150胸褶份尺寸。

21

根据衣身宽和腰围尺寸,计算出褶份大小（请参考p.150）：

a褶－由BP下方2~3cm处向下、在腰围线上取a褶宽（1.750）。

b褶－由B4点向前中心方向1.5cm处向下,在腰围线上取b褶宽（1.875）。

c褶－由协边线B6点向下,在腰围线上取c褶宽（1.375）。

d褶－由G2点向后中心方向1cm处向下,在腰围线上取d褶宽（4.375）。

e褶－由E点向后中心方向0.5cm处向下,在腰围线上取e褶宽（2.250）,褶长至胸围线上2cm。

f褶－由E1点向下,在腰围线上取f褶宽（0.875）。

POINT | 胸围和腰围尺寸相差越多,其腰间褶份尺寸会越大;反之,其腰间褶份尺寸会越小。

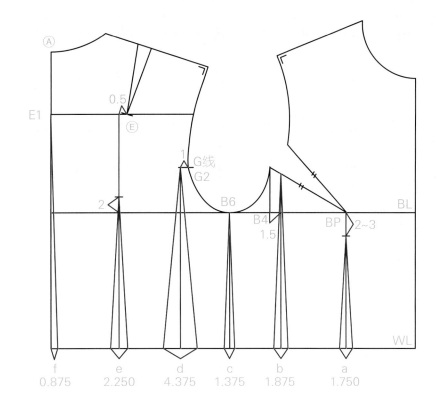

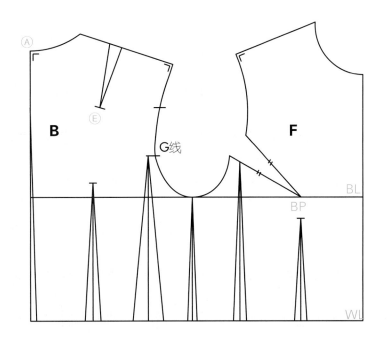

22 完成。

袖子是根据前后衣身的基础线来绘制，所以在画袖子前要先描绘基础线，衣身的胸围线当袖宽线，胁边线当袖中心线。

基本尺寸

袖长－54 cm
量衣身上的袖窿：
前袖窿FAH－19.5 cm
后袖窿BAH－20.5 cm

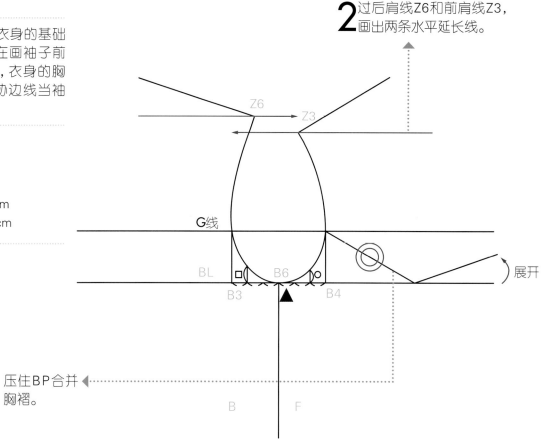

2 过后肩线Z6和前肩线Z3，画出两条水平延长线。

1 压住BP合并胸褶。

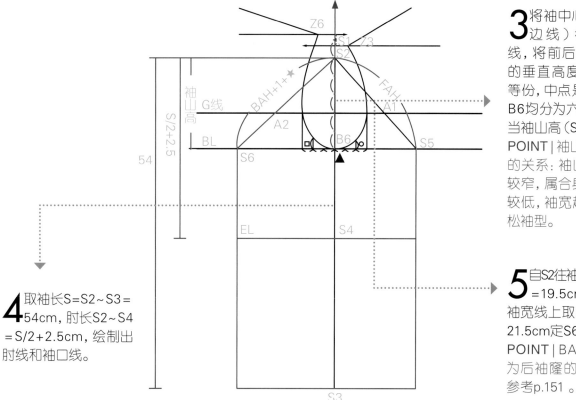

3 将袖中心线（衣身胁边线）往上画延长线，将前后肩线Z6～Z3的垂直高度差均分为二等份，中点是S1，将S1～B6均分为六等份，取5/6当袖山高（S2）。
POINT | 袖山高与袖宽线的关系：袖山越高，袖宽较窄，属合身袖型。袖山较低，袖宽越宽，属于宽松袖型。

5 自S2往袖宽线上取FAH＝19.5cm定S5，S2往袖宽线上取BAH+1+★＝21.5cm定S6。
POINT | BAH+1+★，+1为后袖窿的缩份，+★请参考p.151。

4 取袖长S＝S2～S3＝54cm，肘长S2～S4＝S/2+2.5cm，绘制出肘线和袖口线。

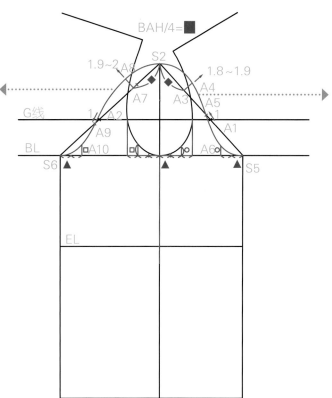

7 S2~A7取一等份■，A7垂直往外取1.9~2cm定A8，G线上的A2往下1cm定A9，S6往袖中心取二等份▲，再垂直往上一等份□定A10，弧线连接S2→A8→A9→A10→S6。即为后袖窿。

6 将前袖窿均分为四等份，一等份为■，S2~A3＝■，A3~A4＝1.8~1.9cm。G线上的A1往上1cm定A5，S5往袖中心方向取二等份▲，再垂直往上一等份○定A6，弧线连接S2→A4→A5→A6→S5。即为前袖窿。

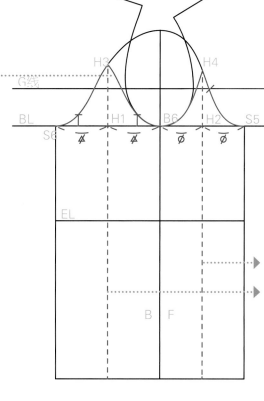

9 将H3~S6和H4~S5对印至H3~B6和H4~B6，对合袖下线条，看是否一致。

8 将B6~S6均分为二等份，中点为H1。将B6~S5均分为二等份，中点为H2。自H1、H2垂直于袖宽线往上画至袖窿线，往下画至袖口线。

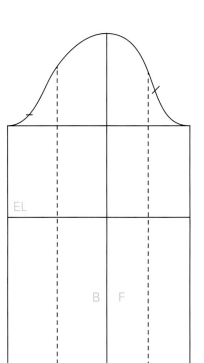

10 完成。

胸褶份尺寸参考

（单位：cm）

B	77	78	79	80	81	82	83	84	85	86	87	88	89	90
胸褶份	3.2	3.3	3.4	3.5	3.6	3.6	3.7	3.8	3.9	4.0	4.1	4.1	4.2	4.3
B	91	92	93	94	95	96	97	98	99	100	101	102	103	104
胸褶份	4.4	4.5	4.6	4.6	4.7	4.8	4.9	5.0	5.1	5.1	5.2	5.3	5.4	5.5

灰底标注为基本尺寸。

各褶份量尺寸参考

（单位：cm）

腰褶总份量	f	e	d	c	b	a
100%	7%	18%	35%	11%	15%	14%
9	0.630	1.620	3.150	0.990	1.350	1.260
10	0.700	1.800	3.500	1.100	1.500	1.400
11	0.770	1.980	3.850	1.210	1.650	1.540
12	0.840	2.160	4.200	1.320	1.800	1.680
12.5	0.875	2.250	4.375	1.375	1.875	1.750
13	0.910	2.340	4.550	1.430	1.950	1.820
14	0.980	2.520	4.900	1.540	2.100	1.960
15	1.050	2.700	5.250	1.650	2.250	2.100

总褶量：衣宽 −（W/2＋3），再依各部位比例计算褶份。

灰底标注为基本尺寸。

原型各部位尺寸一览表

（单位：cm）

	衣宽	Ⓐ~BL	背宽	Ⓑ~BL	胸宽	B/32	前领宽	前领深	胸褶角度	后领宽	肩褶	★
	B/2 +6	B/12 +13.7	B/8 +7.4	B/5 +8.3	B/8 +6.2	B/32	B/24 +3.4=D	D+0.5	(B/4− 2.5)°	D+0.2	B/32 −0.8	★
77	44.5	20.1	17.0	23.7	15.8	2.4	6.6	7.1	16.8°	6.8	1.6	0.0
78	45.0	20.2	17.2	23.9	16.0	2.4	6.7	7.2	17.0°	6.9	1.6	0.0
79	45.5	20.3	17.3	24.1	16.1	2.5	6.7	7.2	17.3°	6.9	1.7	0.0
80	46.0	20.4	17.4	24.3	16.2	2.5	6.7	7.2	17.5°	6.9	1.7	0.0
81	46.5	20.5	17.5	24.5	16.3	2.5	6.8	7.3	17.8°	7.0	1.7	0.0
82	47.0	20.5	17.7	24.7	16.5	2.6	6.8	7.3	18.0°	7.0	1.8	0.0
83	47.5	20.6	17.8	24.9	16.6	2.6	6.9	7.4	18.3°	7.1	1.8	0.0
84	48.0	20.7	17.9	25.1	16.7	2.6	6.9	7.4	18.5°	7.1	1.8	0.0
85	48.5	20.8	18.0	25.3	16.8	2.7	6.9	7.4	18.8°	7.1	1.9	0.1
86	49.0	20.9	18.2	25.5	17.0	2.7	7.0	7.5	19.0°	7.2	1.9	0.1
87	49.5	21.0	18.3	25.7	17.1	2.7	7.0	7.5	19.3°	7.2	1.9	0.1
88	50.0	21.0	18.4	25.9	17.2	2.8	7.1	7.6	19.5°	7.3	2.0	0.1
89	50.5	21.1	18.5	26.1	17.3	2.8	7.1	7.6	19.8°	7.3	2.0	0.1
90	51.0	21.2	18.7	26.3	17.5	2.8	7.2	7.7	20.0°	7.4	2.0	0.2
91	51.5	21.3	18.8	26.5	17.6	2.8	7.2	7.7	20.3°	7.4	2.0	0.2
92	52.0	21.4	18.9	26.7	17.7	2.9	7.2	7.7	20.5°	7.4	2.1	0.2
93	52.5	21.5	19.0	26.9	17.8	2.9	7.3	7.8	20.8°	7.5	2.1	0.2
94	53.0	21.5	19.2	27.1	18.0	2.9	7.3	7.8	21.0°	7.5	2.1	0.2
95	53.5	21.6	19.3	27.3	18.1	3.0	7.4	7.9	21.3°	7.6	2.2	0.3
96	54.0	21.7	19.4	27.5	18.2	3.0	7.4	7.9	21.5°	7.6	2.2	0.3
97	54.5	21.8	19.5	27.7	18.3	3.0	7.4	7.9	21.8°	7.6	2.2	0.3
98	55.0	21.9	19.7	27.9	18.5	3.1	7.5	8.0	22.0°	7.7	2.3	0.3
99	55.5	22.0	19.8	28.1	18.6	3.1	7.5	8.0	22.3°	7.7	2.3	0.3
100	56.0	22.0	19.9	28.3	18.7	3.1	7.6	8.1	22.5°	7.8	2.3	0.4
101	56.5	22.1	20.0	28.5	18.8	3.2	7.6	8.1	22.8°	7.8	2.4	0.4
102	57.0	22.2	20.2	28.7	19.0	3.2	7.7	8.2	23.0°	7.9	2.4	0.4
103	57.5	22.3	20.3	28.9	19.1	3.2	7.7	8.2	23.3°	7.9	2.4	0.4
104	58.0	22.4	20.4	29.1	19.2	3.3	7.7	8.2	23.5°	7.9	2.5	0.4

灰底为基本尺寸。

褶子转移应用

·················· a压褶尖点转移法

转胸褶

压B点将袖窿胸褶a往上移动至a1，胸褶转移至胁边下摆。

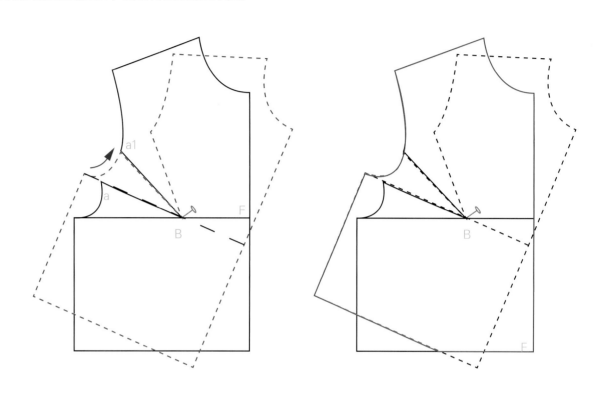

转肩褶

压a点将肩褶a1往左移动至a2，肩褶转移至袖窿A1～A2。

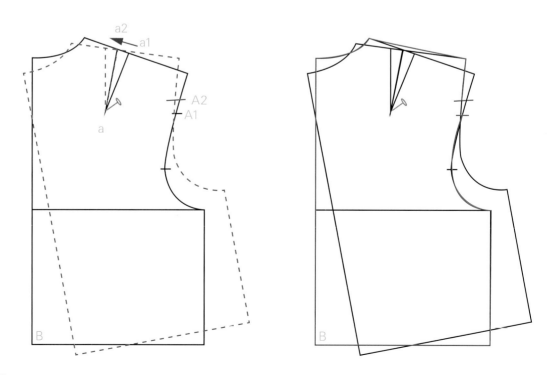

转后腋下褶

压a点将后腋下褶a1往后中心移动至a2，后腋下褶转移至后袖窿A1～A2。

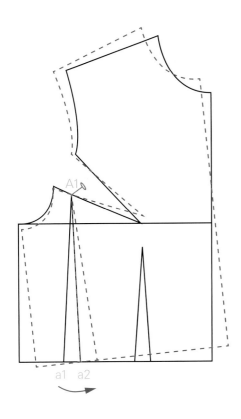

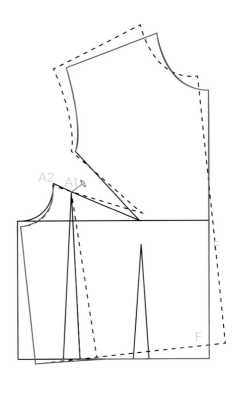

转前腋下褶

压a点将前腋下褶a1往后中心移动至a2，前腋下褶转移至后袖窿A1～A2。

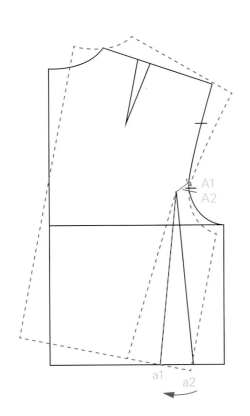

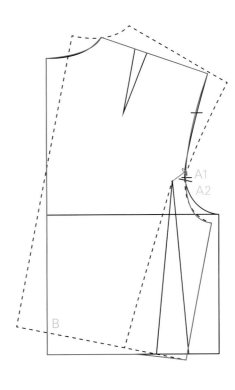

前片领口细褶

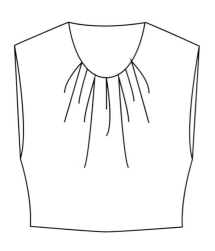

1 如右图，胸褶尖点移至BP左上3cm的D点，直线连至a和a1，前领口均分为三等份，得等分点D2、D3，直线连接D2→D1、D3→D。

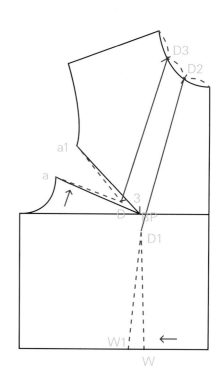

2 剪开D2→D1、D3→D，并重叠a→a1、W→W1。

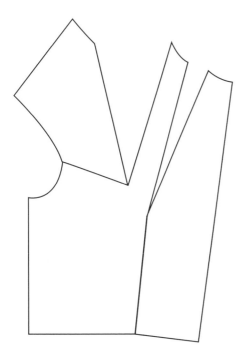

3 领口往上增加细褶泡份1~1.5cm并修顺袖窿线和腰围线，即完成。

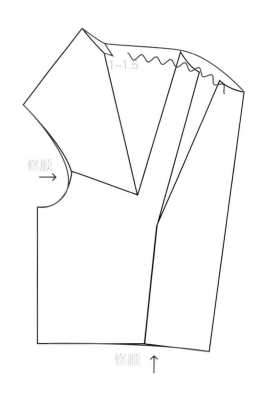

前过肩抽褶

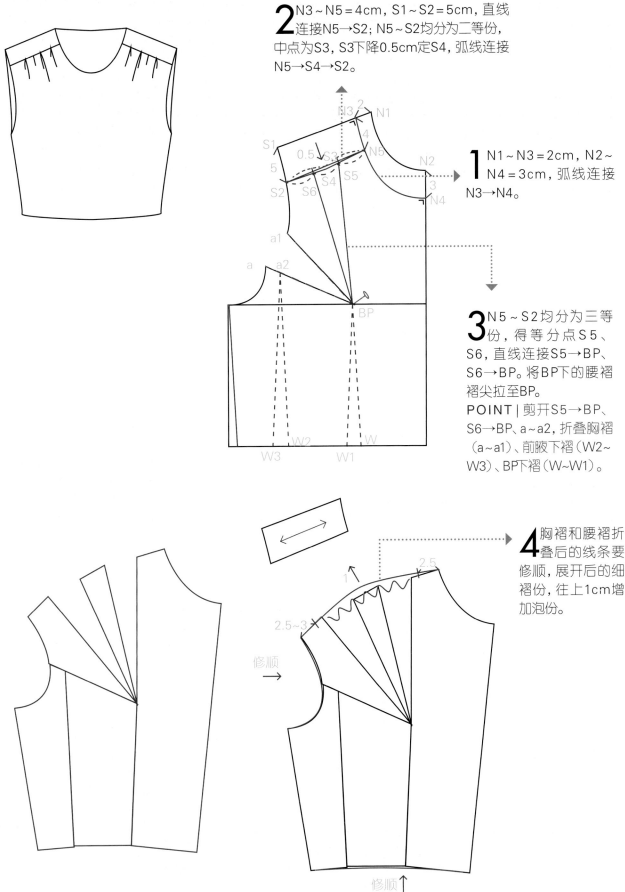

2 N3~N5=4cm，S1~S2=5cm，直线连接N5→S2；N5~S2均分为二等份，中点为S3，S3下降0.5cm定S4，弧线连接N5→S4→S2。

1 N1~N3=2cm，N2~N4=3cm，弧线连接N3→N4。

3 N5~S2均分为三等份，得等分点S5、S6，直线连接S5→BP、S6→BP。将BP下的腰褶褶尖拉至BP。
POINT | 剪开S5→BP、S6→BP、a~a2，折叠胸褶（a~a1）、前腋下褶（W2~W3）、BP下褶（W~W1）。

4 胸褶和腰褶折叠后的线条要修顺，展开后的细褶份，往上1cm增加泡份。

修顺

修顺↑

公主线

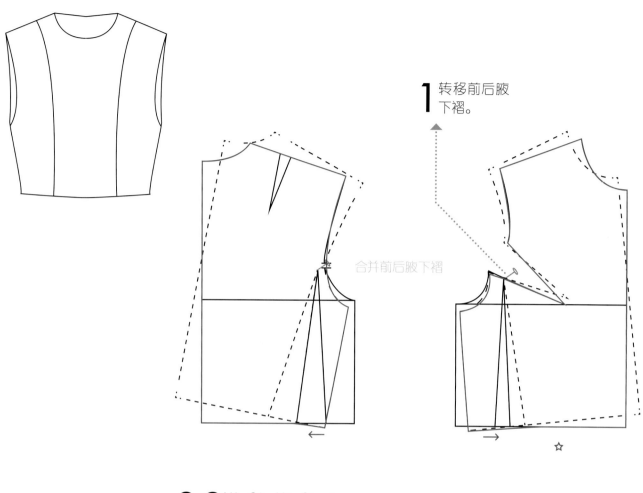

1 转移前后腋下褶。

合并前后腋下褶

☆

2-1 将前肩宽均分为二等份，压BP将胸褶份转移至肩线。

2-2 N2~S3=N1~S1=☆，S3~S4=○（原肩褶宽），S4~A2=☆。
POINT | 前后肩线的公主剪接线要对合。

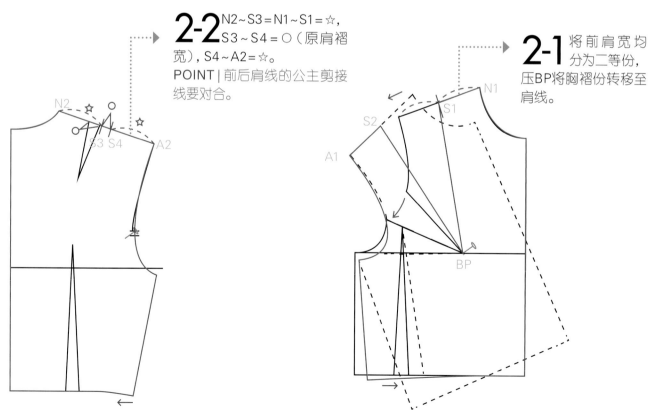

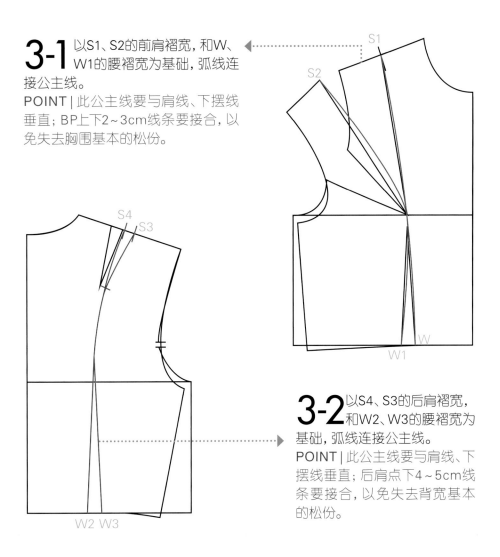

3-1 以S1、S2的前肩褶宽，和W、W1的腰褶宽为基础，弧线连接公主线。

POINT | 此公主线要与肩线、下摆线垂直；BP上下2～3cm线条要接合，以免失去胸围基本的松份。

3-2 以S4、S3的后肩褶宽，和W2、W3的腰褶宽为基础，弧线连接公主线。

POINT | 此公主线要与肩线、下摆线垂直；后肩点下4～5cm线条要接合，以免失去背宽基本的松份。

4 分版完成。

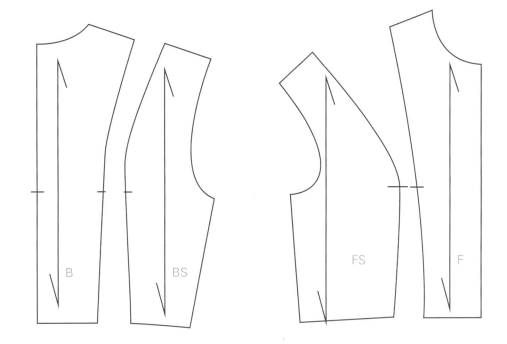

菱形剪接线

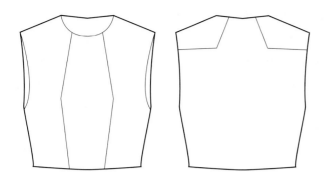

1 转移前后腋下褶。

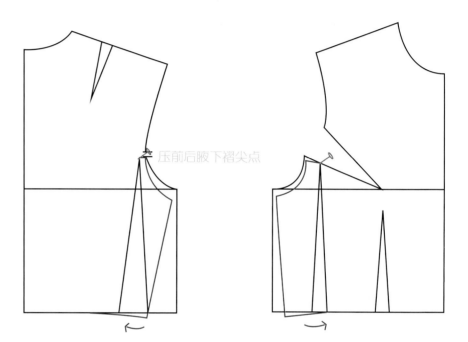

压前后腋下褶尖点

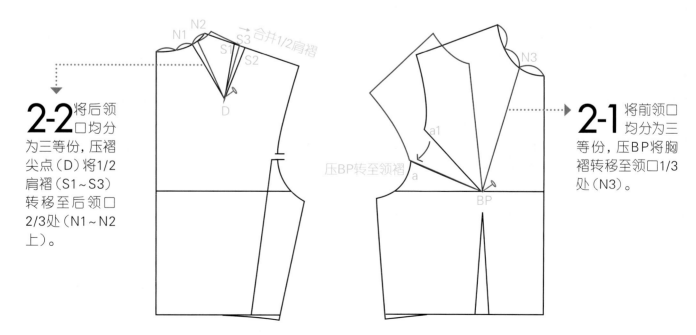

2-2 将后领口均分为三等份,压褶尖点(D)将1/2肩褶(S1~S3)转移至后领口2/3处(N1~N2上)。

N2 N1 S1 S3 S2 合并1/2肩褶 D

N3 a1 a BP 压BP转至领褶

2-1 将前领口均分为三等份,压BP将胸褶转移至领口1/3处(N3)。

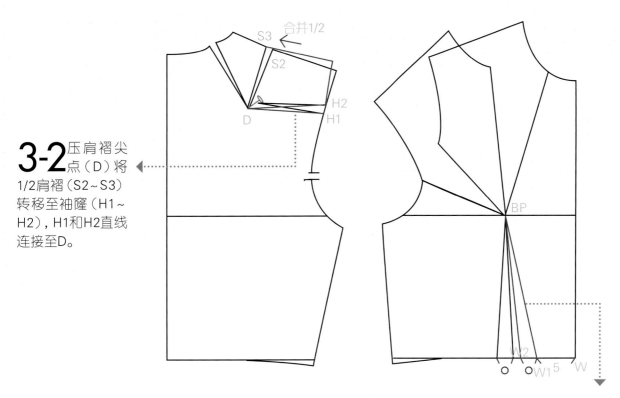

3-2 压肩褶尖点（D）将 1/2肩褶（S2~S3）转移至袖窿（H1~H2），H1和H2直线连接至D。

3-1 W~W1=5cm，W1~W2=○（原BP下腰褶宽），W1和W2直线连接至BP。

4 分版完成。

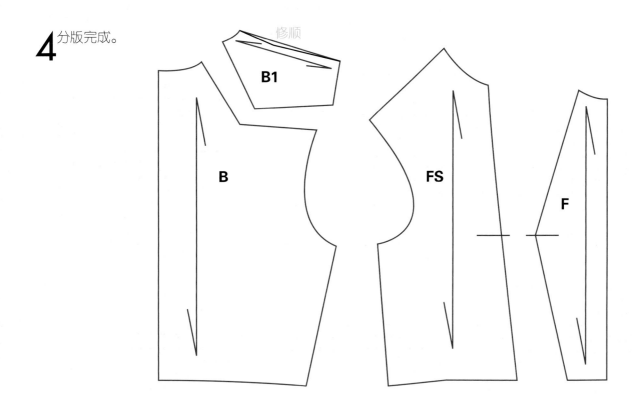

修顺

B1

B

FS

F

人字抽褶剪接

 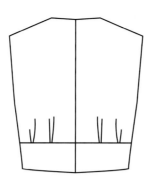

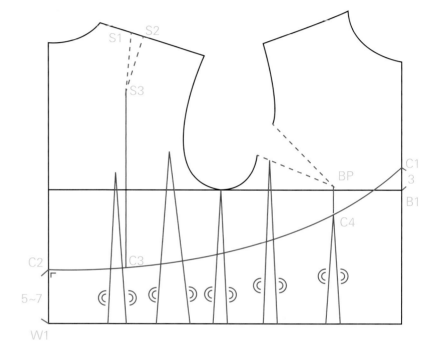

1 B1～C1＝3cm，W1～C2＝5～7cm，弧线连接C1→C2（要与后中心垂直），此为剪接线。自BP垂直往下画至剪接线，交于C4；自肩点S3垂直往下画至剪接线，交于C3。

2-1 折叠剪开。剪开C1～C2，C1～C2剪接线以下的褶子皆要合并并修顺线条。

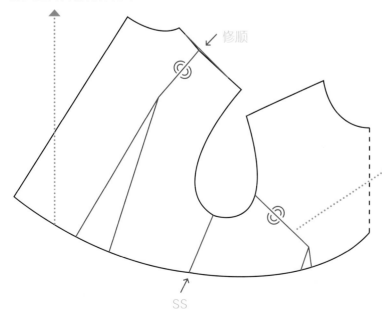

2-2 前片胸褶和后片肩褶合并，剪开线为BP～C4、S3～C3。

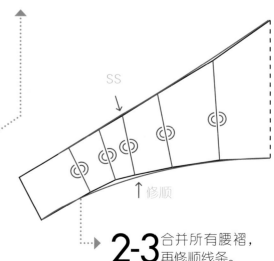

2-3 合并所有腰褶，再修顺线条。

$$\frac{A-B}{褶数} = \frac{A-B}{2} = ☆$$

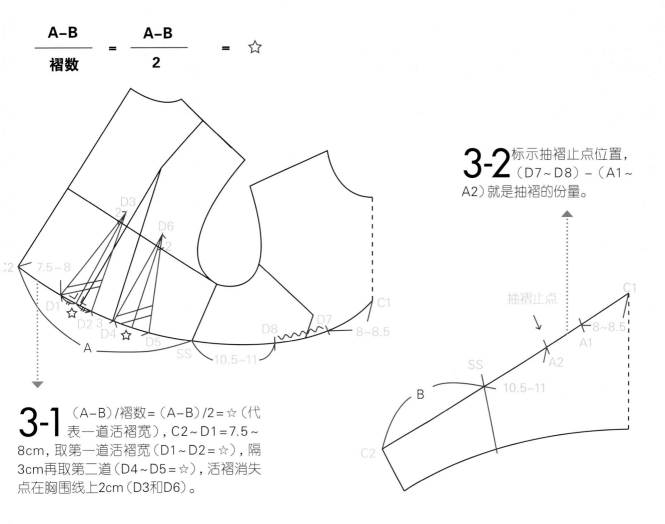

3-2 标示抽褶止点位置，（D7~D8）−（A1~A2）就是抽褶的份量。

3-1 （A−B）/褶数＝（A−B）/2＝☆（代表一道活褶宽），C2~D1=7.5~8cm，取第一道活褶宽（D1~D2＝☆），隔3cm再取第二道（D4~D5＝☆），活褶消失点在胸围线上2cm（D3和D6）。

4 分版完成。

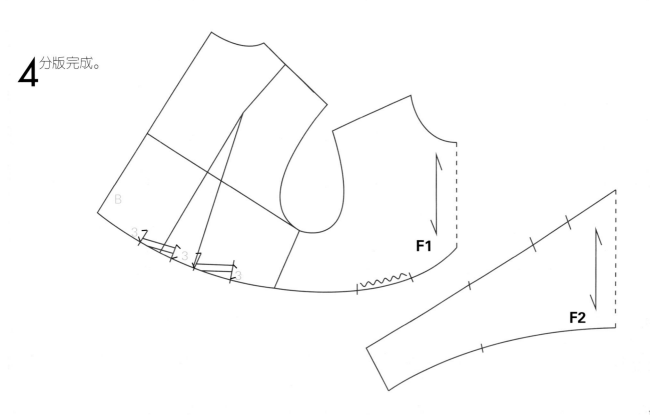

不对称弧线剪接

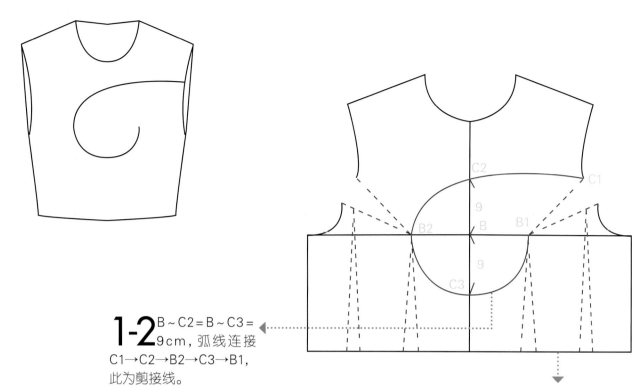

1-2 B~C2 = B~C3 = 9cm，弧线连接 C1→C2→B2→C3→B1，此为剪接线。

1-1 前片原型左右均复制。
POINT | 做不对称设计时，第一步骤就是完整描绘左右片。

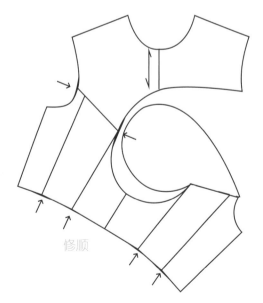

修顺

2 切开剪接线，合并所有褶子，并修顺线条。

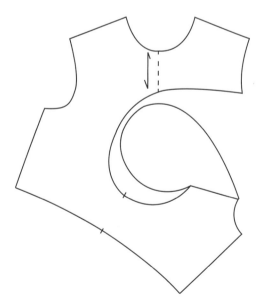

3 分版完成。

不对称过肩放射状活褶设计

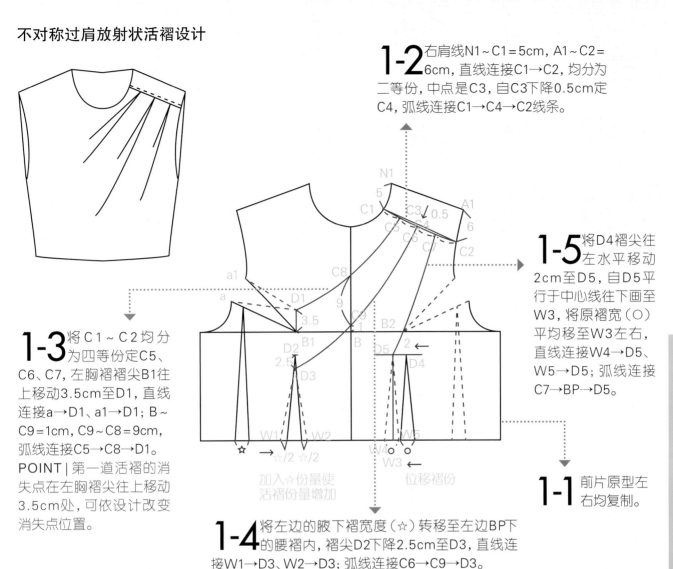

1-2 右肩线N1~C1＝5cm，A1~C2＝6cm，直线连接C1→C2，均分为二等份，中点是C3，自C3下降0.5cm定C4，弧线连接C1→C4→C2线条。

1-5 将D4褶尖往左水平移动2cm至D5，自D5平行于中心线往下画至W3，将原褶宽（○）平均移至W3左右，直线连接W4→D5、W5→D5；弧线连接C7→BP→D5。

1-3 将C1~C2均分为四等份定C5、C6、C7，左胸褶褶尖B1往上移动3.5cm至D1，直线连接a→D1、a1→D1；B~C9＝1cm，C9~C8＝9cm，弧线连接C5→C8→D1。
POINT | 第一道活褶的消失点在左胸褶褶尖往上移动3.5cm处，可依设计改变消失点位置。

1-1 前片原型左右均复制。

1-4 将左边的腋下褶宽度（☆）转移至左边BP下的腰褶内，褶尖D2下降2.5cm至D3，直线连接W1→D3、W2→D3；弧线连接C6→C9→D3。
POINT | 将左边的腋下褶宽度（☆）转移至左边BP下的腰褶内，目的是要将第二道活褶的份量加大，亦可依设计来调整活褶大小。

2-1 剪开剪接线，折叠褶子，修顺袖窿线和腰围线。

2-2 画活褶倒向。

3 分版完成。

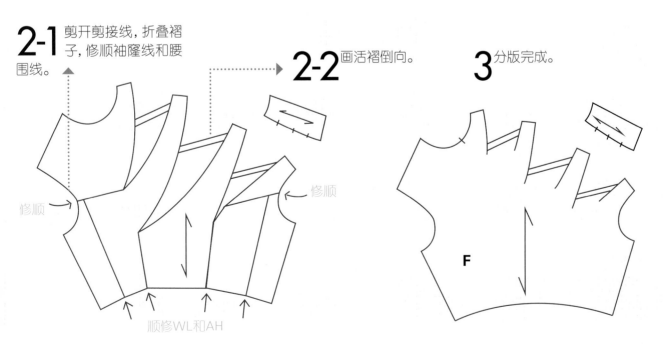

帽领背心

Preview

基本尺寸

上衣原型版
背长－38cm
胸围－83cm
腰围－64cm
衣长－腰下14cm

版型重点

· 前片全开拉链
· 贴式口袋
· 帽子设计
· 罗纹下摆
· 后过肩布剪接

❶ 确认款式

帽领背心。

❷ 量身

原型版、衣长。

❸ 打版

前片、后片、口袋、罗纹下
摆、帽子。

❹ 补正纸型

·对合前后肩线,修顺领口和
袖窿。
·对合胁边,修顺袖窿和下
摆。
·对合帽子和前后衣身领围。
·下摆前后罗纹布纸型合并。

❺ 整布

使经纬纱垂直,布面平整。

❻ 排版

布面折双先排前后片,再排帽
子、口袋、袖窿滚边布,下摆另
外排罗纹布。

❼ 裁布

前片F×2、后片B2折双×1、
后胁片B3×2、后过肩布B1
折双×1、下摆罗纹布B4折双
×1、前片拉链贴边F1×2、
帽子H×2（可做单层或双
层）、口袋布P×2、口袋贴
边P1×2、领口滚边布×1、
袖窿滚边布×2。

❽ 做记号

于完成线上做记号或做线钉
（肩线、袖窿线、胁边线、领
围线、下摆线、帽子、口袋位
置、前后中心剪牙口）。

❾ 烫衬

口袋口位置贴牵条、口袋贴
边贴布衬、前片拉链贴边贴
布衬。

❿ 拷克机缝

前后片胁边线、肩线、罗纹
下摆和衣身下摆（车缝后再
合拷）、口袋和贴边、前片
拉链贴边。

版型制图步骤

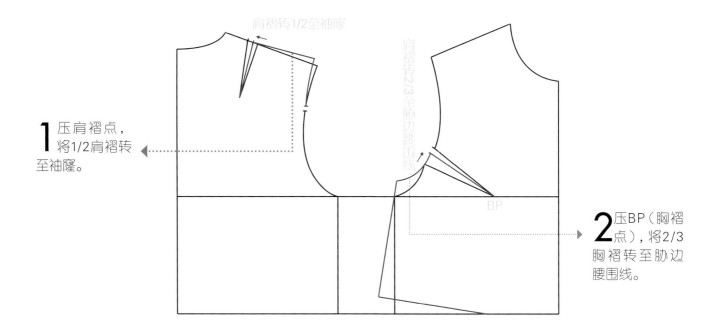

1 压肩褶点，将1/2肩褶转至袖窿。

2 压BP（胸褶点），将2/3胸褶转至胁边腰围线。

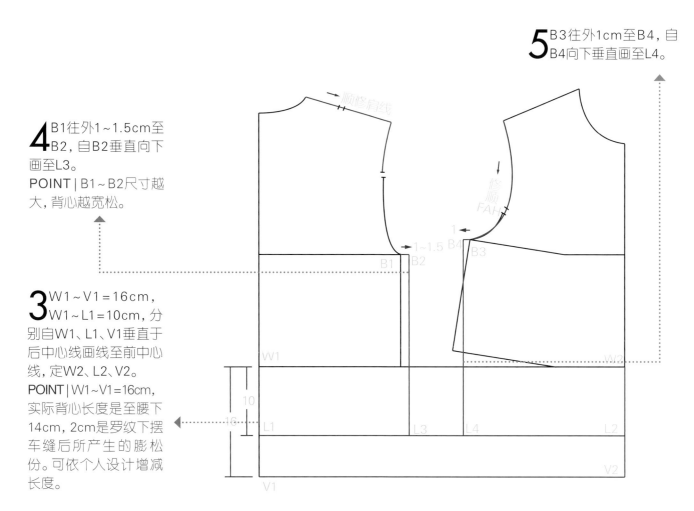

5 B3往外1cm至B4，自B4向下垂直画至L4。

4 B1往外1~1.5cm至B2，自B2垂直向下画至L3。
POINT | B1~B2尺寸越大，背心越宽松。

3 W1~V1=16cm，W1~L1=10cm，分别自W1、L1、V1垂直于后中心线画线至前中心线，定W2、L2、V2。
POINT | W1~V1=16cm，实际背心长度是至腰下14cm，2cm是罗纹下摆车缝后所产生的膨松份。可依个人设计增减长度。

7 N6～N7＝1.5cm，弧
线连接N7→N5。
POINT | 领口线条要与
肩线、后中心线垂直。

8 A1～A2＝1cm，
A2～N3＝☆，为小
肩宽完成尺寸。
POINT | A2～N3的宽度
可依设计增减尺寸。

9 N7～A4＝N3～
A2＝☆，前后肩
线同等宽度。

6 N1～N3＝1.5cm，
N2～N4＝4cm，弧
线连接N3→N4。
POINT | 领口线条要与
肩线、前中心线垂直，
N3→N4决定领口大小，
可依个人设计而变动。

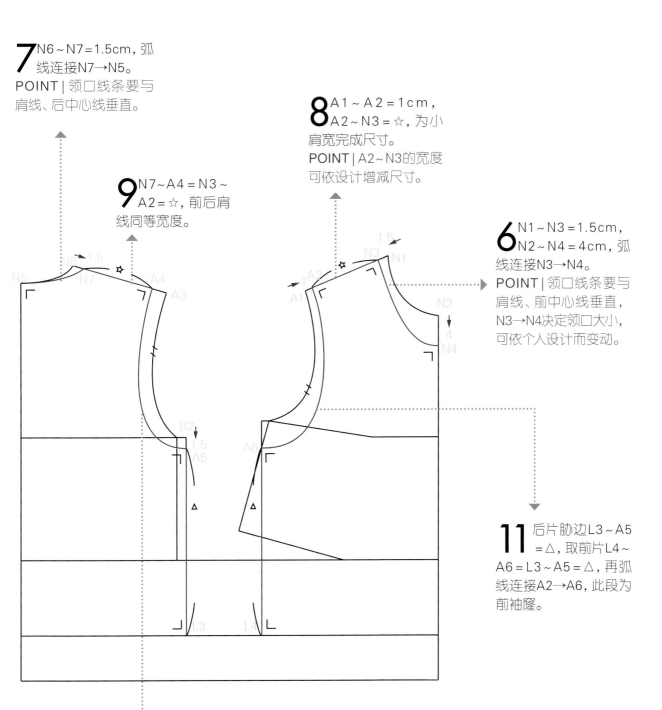

11 后片胁边L3～A5
＝△，取前片L4～
A6＝L3～A5＝△，再弧
线连接A2→A6，此段为
前袖窿。

10 B2～A5＝1.5cm，弧线连接
A4→A5，此段为后袖窿。
POINT | B2～A5＝1.5cm，此段决定袖窿
深度，尺寸越大，袖窿深度越大。注意
袖窿线要与肩线、胁边线垂直。

12 N5~Y1=10cm，自Y1垂直于后中心线画至袖窿上的点Y2；Y2~Y3=0.7~1cm，弧线连接Y3→Y1。
POINT | N5~Y1的长度决定过肩布（YOKE）的大小，Y3→Y1完成线要与后中心线垂直。

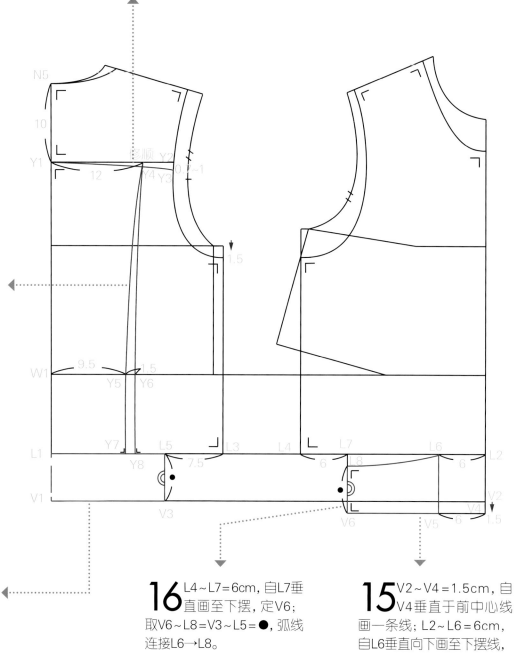

13 Y1~Y4=12cm，W1~Y5=9.5cm，Y5~Y6=1.5cm，弧线连接Y4→Y5、Y4→Y6，分别自Y5、Y6直线画至Y7和Y8。
POINT | Y5~Y6=1.5cm，褶宽大小影响合身度，褶份越大越合身。因此款式下摆设计有罗纹布，故褶子不需打太大。

14 L3~L5=7.5cm，自L5垂直向下画至下摆线，定V3。

16 L4~L7=6cm，自L7垂直画至下摆，定V6；取V6~L8=V3~L5=●，弧线连接L6→L8。

15 V2~V4=1.5cm，自V4垂直于前中心线画一条线；L2~L6=6cm，自L6垂直向下画至下摆线，定V5。

17 N4~Z1＝0.5cm，自Z1垂直向下
画至下摆线，定Z2。

POINT｜N4~Z1为扣除的拉链外露的
尺寸。

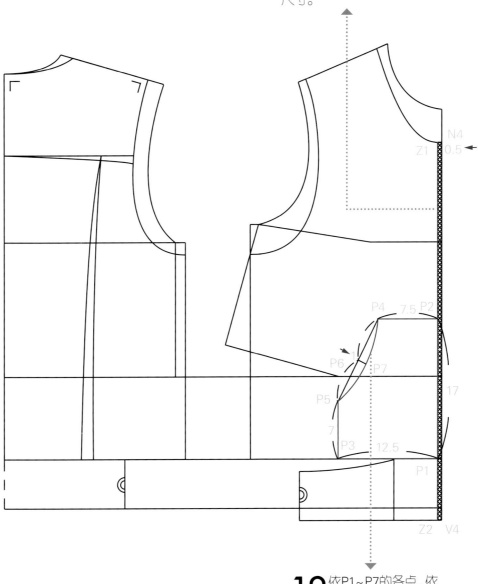

18 依P1~P7的各点，依
序画出口袋位置。

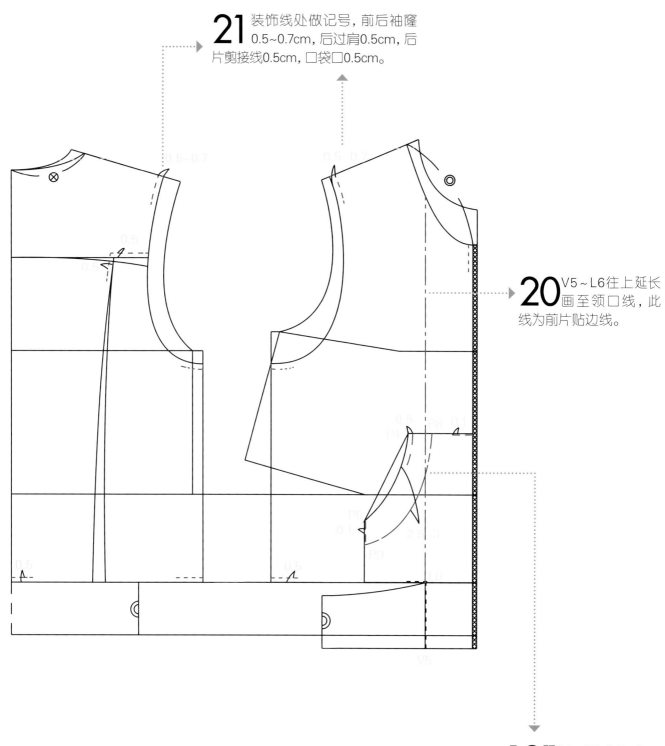

21 装饰线处做记号，前后袖窿
0.5~0.7cm，后过肩0.5cm，后
片剪接线0.5cm，口袋口0.5cm。

20 V5~L6往上延长
画至领口线，此
线为前片贴边线。

19 距P4~P5 2.5~3cm
平行画出口袋贴边线
P8~P9。

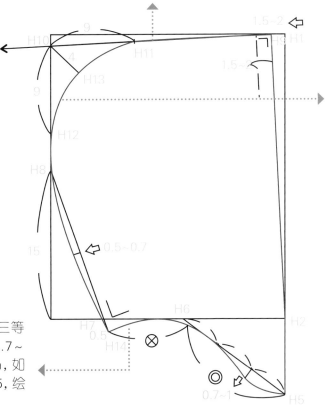

22 H1~H2＝30cm，H1~H3＝25cm，画出长方形。
POINT｜H1~H2决定帽子的长度，H1~H3决定帽子的宽度，可依设计确定大小。

23 H2~H5＝8cm，H5~H6取前领围长◎，H6~H7取后领围长⊗，连接H7→H8。
POINT｜前后领围尺寸自前后片衣身领围量取。

24 H1~H9＝1.5~2cm，直线连接H9→H2并画其垂直线至H10。

25 H10~H11＝H10~H12＝9cm，H10~H13＝4cm，弧线连接H11→H13→H12。H8~H7均分为二等份，中点处往外0.5~0.7cm定一点，过此点弧线连接H8→H7。

26 H6~H5均分为三等份，2/3处往外0.7~1cm，H7~H14＝0.5cm，如图，从H14弧线修顺至H5，绘出领围线。
POINT｜此领围线要与帽子前后中心线垂直。

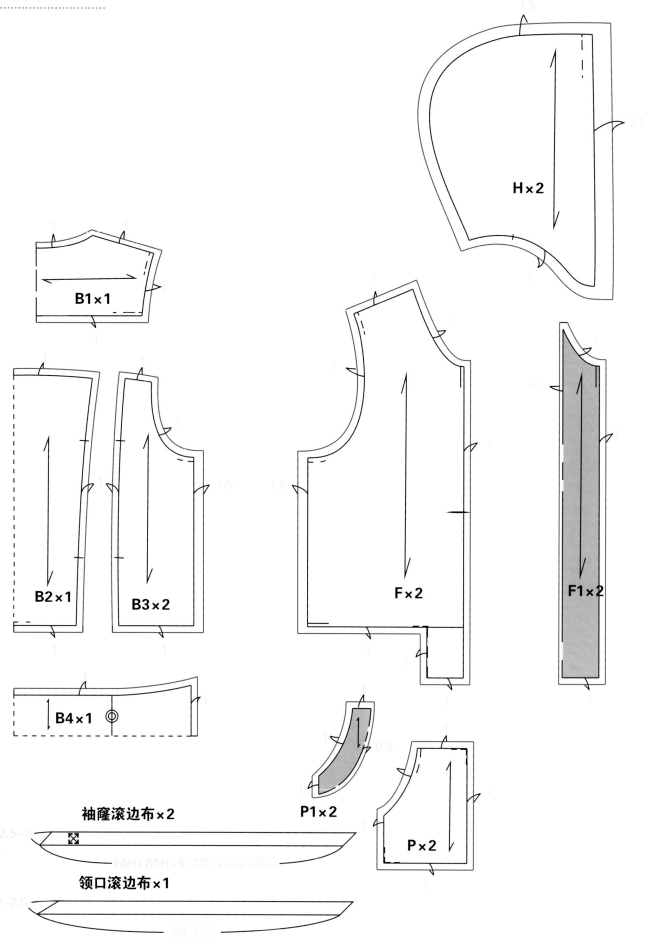

H×2

B1×1

B2×1

B3×2

F×2

F1×2

B4×1

P1×2

P×2

袖窿滚边布×2

领口滚边布×1

缝制 sewing

材料说明

单幅用布:(衣长+缝份)×3
双幅用布:(衣长+缝份)×1.5
罗纹布30cm
布衬约30cm
全开式拉链46cm 1条

1. 车缝后片剪接线和过肩布(YOKE)。
2. 车缝前片口袋。
3. 车缝前片拉链。
4. 车缝肩线。
5. 车缝胁边线。
6. 车缝下摆螺纹布。
7. 车缝帽子。
8. 车缝袖窿滚边布。

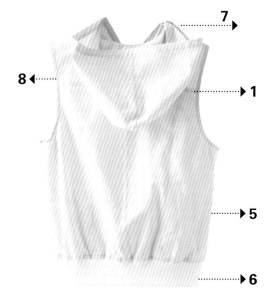

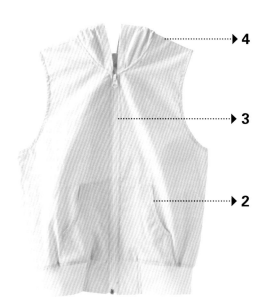

派内尔剪接洋装

Preview

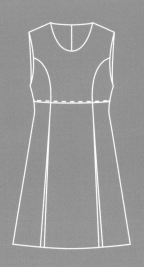
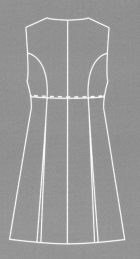

基本尺寸

上衣原型版
背长－38cm
胸围－83cm
腰围－64cm
腰长－18cm
臀围－92cm
裙长－腰下48cm
全长－90cm

版型重点

· 后片隐形拉链
· 派内尔剪接
· 高腰剪接
· 领口袖窿贴边连裁
· 腰下箱褶设计

❶ 确认款式
派内尔剪接洋装。

❷ 量身
原型版、衣长、腰长、臀围。

❸ 打版
前片、后片、前后片领口袖窿贴边连裁。

❹ 补正纸型
· 前片合并胸褶，修顺派内尔线。
· 前后裙版展开活褶份后修顺线条。
· 对合前后肩线，修顺领口和袖窿。
· 对合胁边，修顺袖窿和下摆。
· 前后贴边对合修顺。

❺ 整布
使经纬纱垂直，布面平整。

❻ 排版
布面折双先排前后片裙子，再排前后片上衣、贴边。

❼ 裁布
前上片F折双×1、前上胁片FS×2、后上片B×2、后上胁片BS×2、前片裙子F1折双×1、后片裙子B1×2、前片贴边F2折双×1、后片贴边B2×2。

❽ 做记号
于完成线上做记号或做线钉（肩线、袖窿线、胁边线、领围线、下摆线、贴边线、前后活褶记号点、前后中心剪牙口）。

❾ 烫衬
后片拉链处贴牵条、前后片贴边贴布衬。

❿ 拷克机缝
前后派内尔剪接车缝后合拷、前后片胁边线、后中心线、前后片贴边线。

版型制图步骤

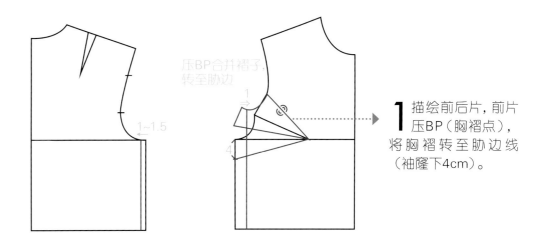

1 描绘前后片，前片压BP（胸褶点），将胸褶转至胁边线（袖窿下4cm）。

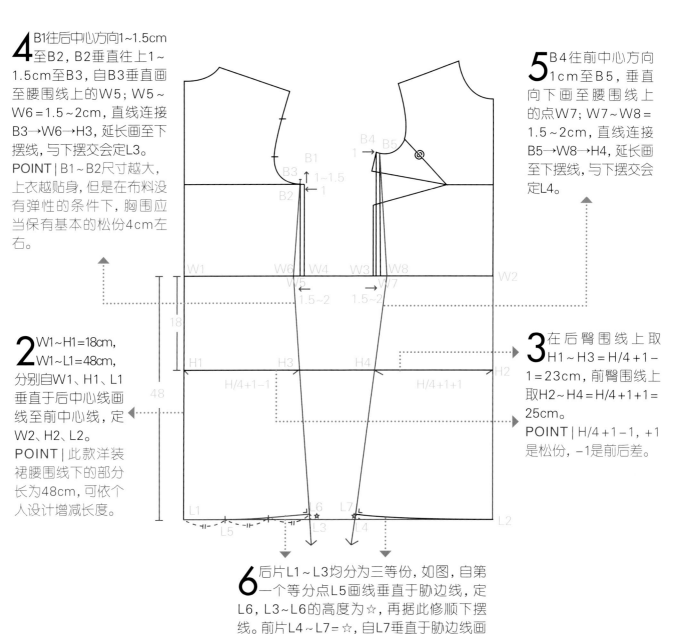

4 B1往后中心方向1~1.5cm至B2，B2垂直往上1~1.5cm至B3，自B3垂直画至腰围线上的W5；W5~W6=1.5~2cm，直线连接B3→W6→H3，延长画至下摆线，与下摆交会定L3。
POINT | B1~B2尺寸越大，上衣越贴身，但是在布料没有弹性的条件下，胸围应当保有基本的松份4cm左右。

5 B4往前中心方向1cm至B5，垂直向下画至腰围线上的点W7；W7~W8=1.5~2cm，直线连接B5→W8→H4，延长画至下摆线，与下摆交会定L4。

2 W1~H1=18cm，W1~L1=48cm，分别自W1、H1、L1垂直于后中心线画线至前中心线，定W2、H2、L2。
POINT | 此款洋装裙腰围线下的部分长为48cm，可依个人设计增减长度。

3 在后臀围线上取H1~H3=H/4+1-1=23cm，前臀围线上取H2~H4=H/4+1+1=25cm。
POINT | H/4+1-1，+1是松份，-1是前后差。

6 后片L1~L3均分为三等份，如图，自第一个等分点L5画线垂直于胁边线，定L6，L3~L6的高度为☆，再据此修顺下摆线。前片L4~L7=☆，自L7垂直于胁边线画至下摆线，再修顺线条。

7 N1～N3＝3cm，N2～N4＝5cm，弧线连接N4→N3。

POINT｜领口线条要与肩线、后中心线垂直，N4～N3决定领口大小，可依设计调整尺寸。

9 A1～A2＝1～1.5cm，弧线连接A2→B5（FAH前袖窿）。

POINT｜N8～A2＝△，为前肩宽，肩宽皆可依设计增减尺寸。

8 N6～N8＝5cm，N5～N7＝6cm，弧线连接N8→N7。

POINT｜领口线条要与肩线、前中心线垂直。

10 N4～A4＝△，弧线连接A4→B3（BAH后袖窿）。

POINT｜对合前后肩线，要等长，前后袖窿要与肩线和胁边线垂直。

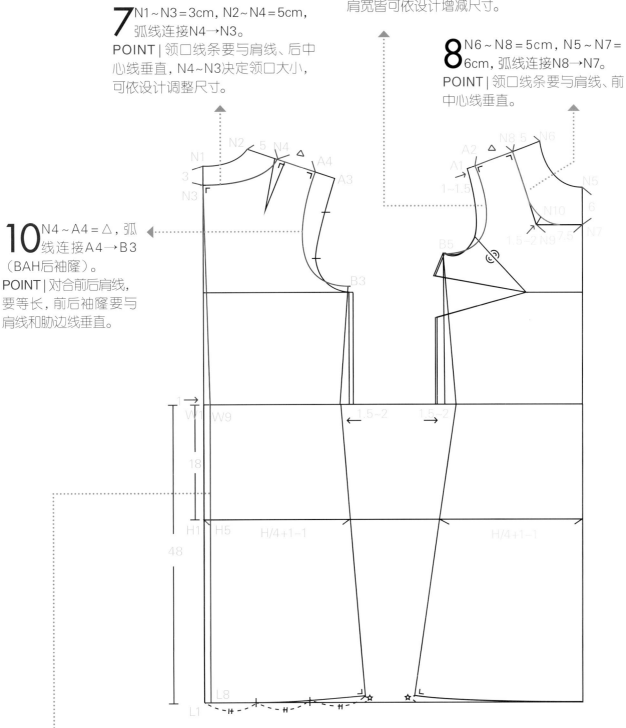

11 W1～W9＝1cm，腰围线以上弧线连接W9→N3，腰围线以下，自W9平行于后中心线画至下摆线，定L8。

POINT｜W1～W9＝1cm，为后腰收身的尺寸，尺寸越大越贴身。注意此线条要与后领围线和下摆线垂直。

12 后片肩线N4往下0.5～0.7cm至N11，直线连接N11→A4。前片肩线N8往下0.5～0.7cm至N12，直线连接N12→A2。

POINT | 前后肩线N4和N8往下0.5～0.7cm，因为领口挖的比较大，所以必须在肩线领口处扣除多余的松份。

13 A4～C1＝11～11.5cm，W9～D1＝9.5cm，D1～D2（褶宽）＝2.5～3cm，自D1～D2中点D3往下垂直画至下摆线；由C2往上5cm至D4，弧线连接C1→D1→D4、C1→D2→D4。

POINT | D1～D2是褶宽，褶宽越大越贴身；C2往上5cm是褶尖消失点。

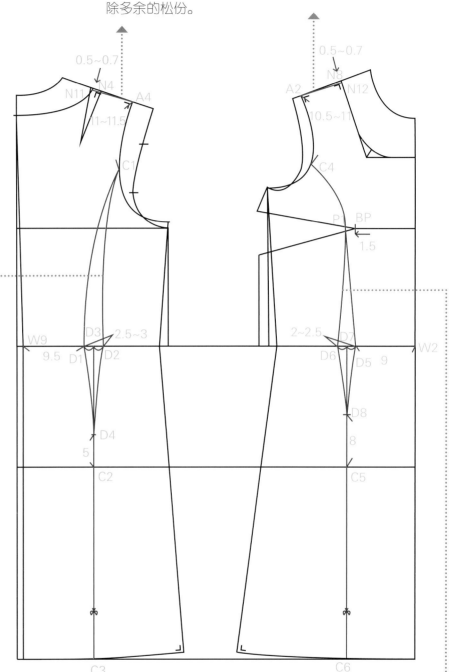

14 A2～C4＝10.5～11cm，W2～D5＝9cm，D5～D6＝2～2.5cm，自D5～D6中点D7往下垂直画至下摆线；由C5往上8cm至D8，弧线连接C4→D5→D8、C4→D6→D8。

POINT | 此款派内尔剪接线在胸围线上会离开BP1.5～2cm，亦可依体型或款式设计而调整。

17 W9往上5cm至U4，自U4垂直于后中心线画线至胁边线定U5，U4往下0.5cm至U6，U5～U7=1cm，自U7弧线连接至U6。

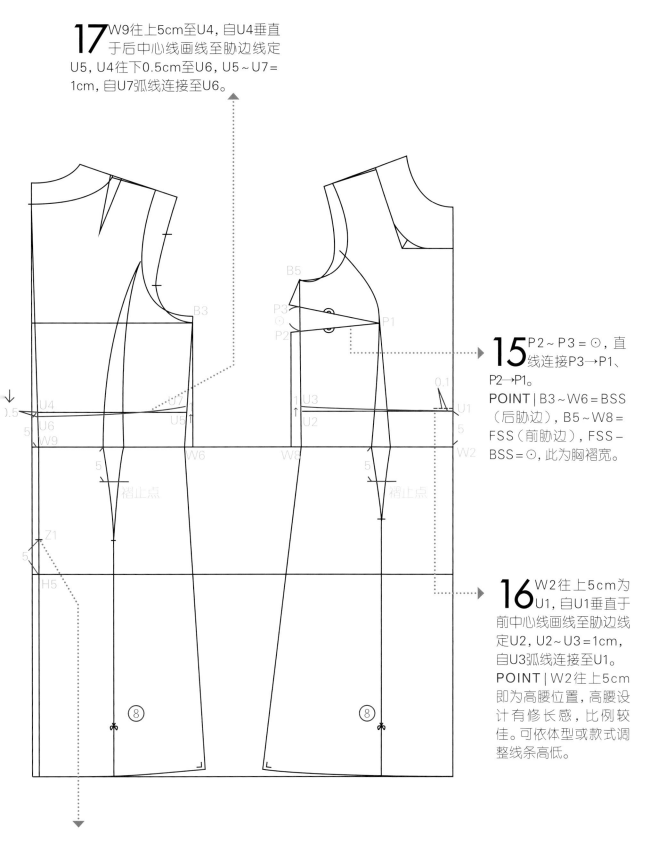

15 P2～P3=⊙，直线连接P3→P1、P2→P1。
POINT | B3～W6=BSS（后胁边），B5～W8=FSS（前胁边），FSS－BSS=⊙，此为胸褶宽。

16 W2往上5cm为U1，自U1垂直于前中心线画线至胁边线定U2，U2～U3=1cm，自U3弧线连接至U1。
POINT | W2往上5cm即为高腰位置，高腰设计有修长感，比例较佳。可依体型或款式调整线条高低。

18 H5往上5cm至Z1，Z1为隐形拉链止点。
POINT | 一般裙子拉链止点在HL下1～2cm，因此款裙子有箱褶设计，属较宽松的裙型，所以可以提高拉链止点位置。

20 N3~E1=6cm，B3~E2=3~3.5cm，弧线连接E1→E2。
POINT | E1→E2为领口和袖窿贴边连裁的线条，须与后中心线、胁边线垂直。

21 N7~E3=3.5cm，B5~E4=3~3.5cm，弧线连接E3→E4。
POINT | E3→E4为领口和袖窿贴边连裁的线条，须与前中心线、胁边线垂直。

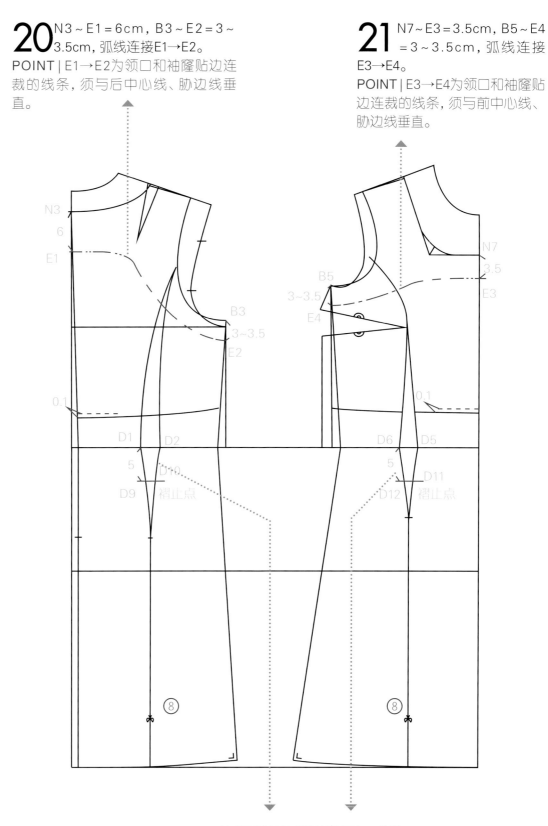

19 前后片腰围线下5cm作为箱褶车缝止点。切展前后剪接线8cm，作为箱褶份。

修版

前片胸褶

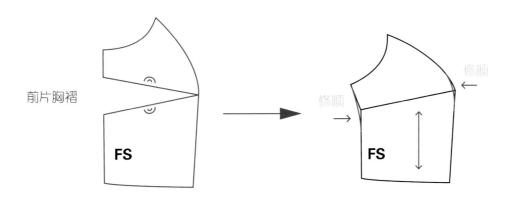

裙子箱褶

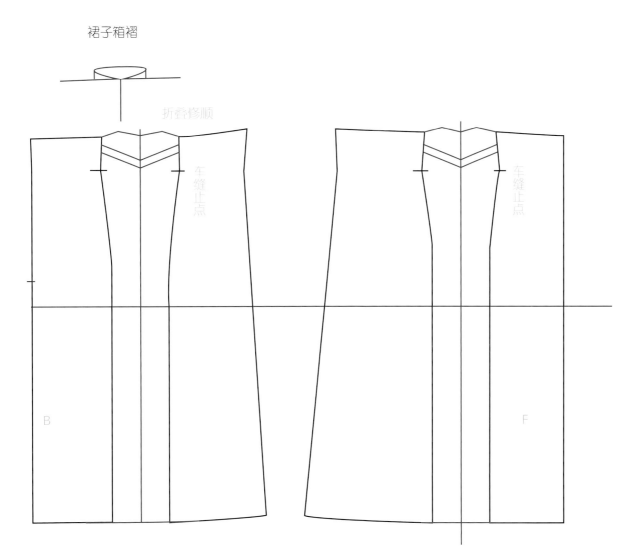

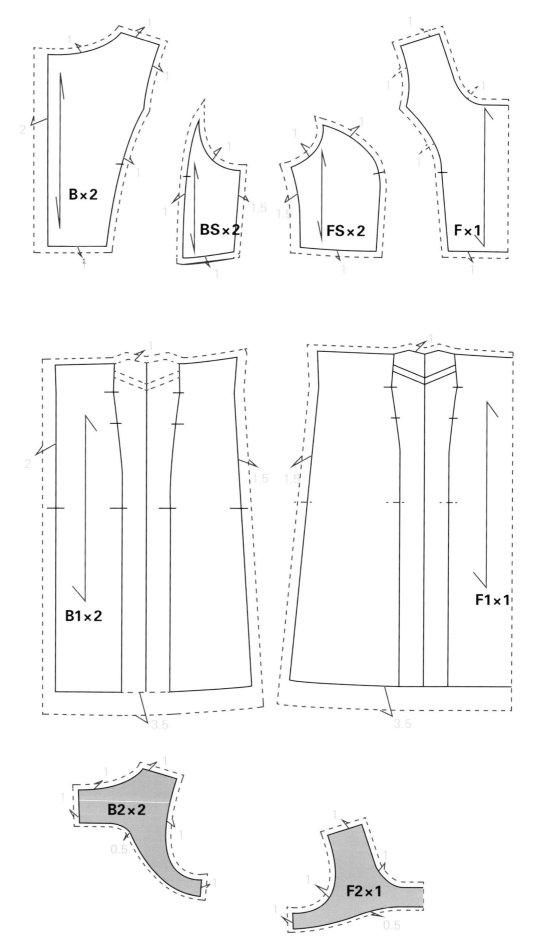

缝制 sewing

材料说明

单幅用布：（衣长＋缝份）×3
双幅用布：（衣长＋缝份）×1.5
布衬约45cm
全开式拉链56cm 1条

1. 车缝前片和后片派内尔剪接线。

2. 前缝前片和后片箱褶。

3. 车缝前片和后片高腰剪接线。

4. 车缝左肩线，右片肩线先不车。（做法请参考p.64）

5. 车缝前后片贴边。

6. 车缝右片肩线。

7. 车缝后片隐形拉链。

8. 车缝胁边线。

9. 车缝下摆。

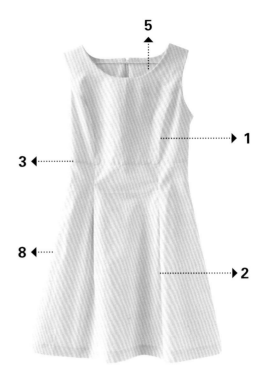

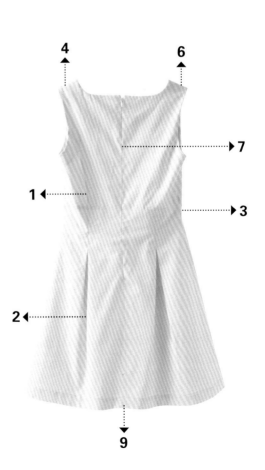

立领暗门襟上衣

Preview

基本尺寸

上衣原型版
背长－38cm
胸围－83cm
腰围－64cm
腰长－18cm
衣长－臀围线上5cm

版型重点

· 立领
· 前片暗门襟设计
· 后片上片、下片剪接
· 盖袖设计

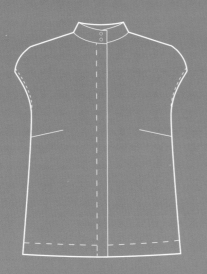
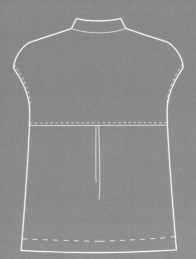

❶ 确认款式
立领暗门襟上衣。

❷ 量身
原型版、衣长、腰长、臀围。

❸ 打版
前片、后片、领子、袖窿滚边。

❹ 补正纸型
· 对合前后肩线，修顺领口和袖窿。
· 对合胁边，修顺袖窿和下摆。
· 对合领子和前后衣身领围。

❺ 整布
使经纬纱垂直，布面平整。

❻ 排版
布面折双先排前后片，再排后片挡布、领子和袖窿滚边布。

❼ 裁布
前片F×2、后片上片B1折双×1、领子N折双×2、袖窿滚边布×2、后片下片B2折双×1。

❽ 做记号
于完成线上做记号或做线钉（肩线、袖窿线、胁边线、领围线、下摆线、领子、前后中心剪牙口）。

❾ 烫衬
前片门襟贴边部位贴布衬、表领贴衬。

❿ 拷克机缝
前后片胁边线、肩线、前片贴边线。

打版 pattern making

版型制图步骤

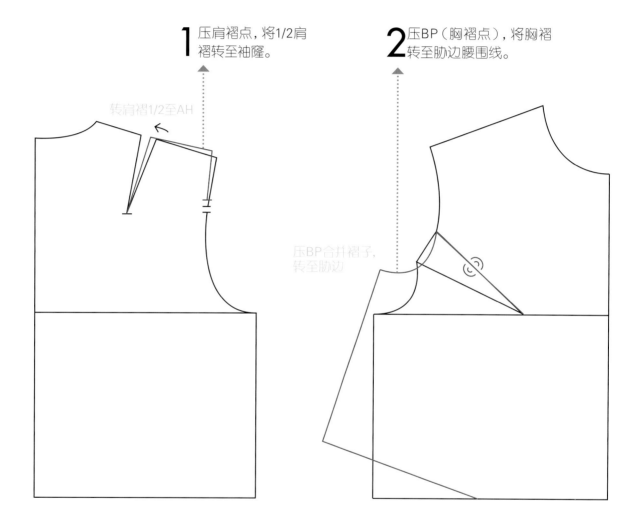

1 压肩褶点，将1/2肩褶转至袖窿。

转肩褶1/2至AH

2 压BP（胸褶点），将胸褶转至胁边腰围线。

压BP合并褶子，转至胁边

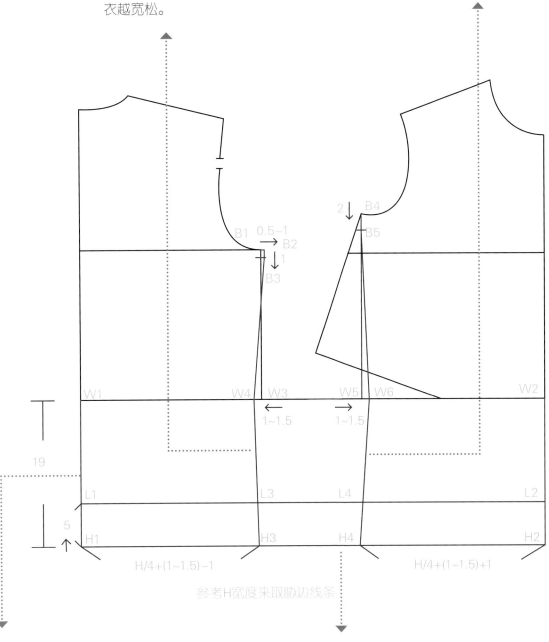

5 B1往外0.5~1cm至B2，自B2垂直向下画线至W3；B2~B3=1cm，W3~W4=1~1.5cm，直线连接B3→W4→H3，与下摆线交会定L3。

POINT | B1~B2尺寸越大，上衣越宽松。

6 自B4垂直向下画至W5；B4~B5=2cm，W5~W6=1~1.5cm。

POINT | 直线连接B5→W6→H4，与下摆线交会定L4。

3 W1~H1=19cm，H1~L1=5cm，分别自W1、L1、H1垂直于后中心线画线至前中心线，定W2、L2、H2。

POINT | 此款衣长至臀围线上5cm，可依个人设计增减长度。

4 在后臀围线上取H1~H3=H/4+1~1.5−1=23~23.5cm，前臀围线上取H2~H4=H/4+（1~1.5）+1=25~25.5cm。

POINT | H/4+（1~1.5）±1，+1~1.5是松份，±1是前后差；此款式虽然长度未及臀围线，但可参考臀围所需的松份，确定上衣的胁边线条。

10 将前肩线延长，A1~A2=1cm，A2~A3＝4.5cm，A3~A4＝1.5cm，直线连接A2→A4，A1处的线条修顺。
POINT | A2~A3＝4.5cm为盖袖的长度，A3~A4是盖袖的斜度，皆可以依设计增减尺寸。

12 弧线连接A4→B5，此段为前袖窿；弧线连接A8→B3，此段为后袖窿。
POINT | 注意前后袖窿要与肩线、胁边线垂直。

9 N6~N8＝1cm，N5~N7＝1cm，弧线连接N8→N7。
POINT | 领口线条要与肩线、前中心线垂直。

8 N2~N3＝1cm，弧线连接N3→N1。
POINT | 领口线条要与肩线、后中心线垂直，N3~N1决定领口大小，因为此款为立领设计，所以领口不宜挖得太大。

11 将后肩线延长，取N3 ~ A5 ＝ N8 ~ A1＝☆，A5 ~ A6＝1cm，A6~A7＝4.5cm，A7~A8＝1.5cm，直线连接A6→A8，A6处线条修顺。
POINT | 对合前后肩线，要等长。

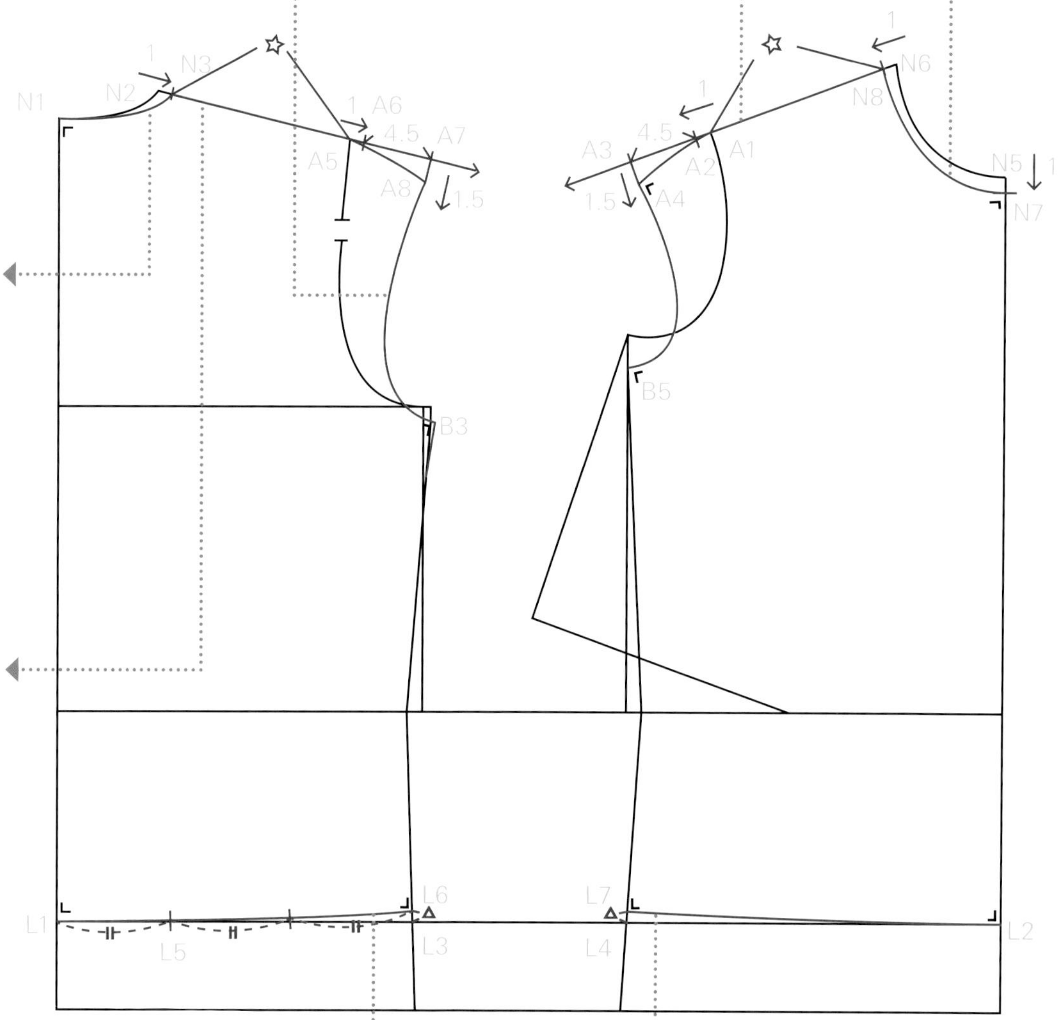

7 后片L1~L3均分为三等份，如图，自第一个等分点L5画线垂直于胁边线定L6，L3~L6的高度为△，再据此修顺下摆线。前片L4~L7＝△，自L7垂直于胁边线画至下摆线，再修顺线条。

14 C1~C4＝4cm，直线连接C4→L1，C1~C4折叠修顺，下摆与后中心线垂直。

POINT｜C1~C4＝4cm，褶宽大小影响宽松度。因为此款式下摆较贴身，所以箱褶设计为上松下收线条。

17 袖窿距边缘0.5~0.7cm画装饰线，下摆距边缘2~2.5cm画装饰线，后片距上片与下片剪接线0.1cm画装饰线。

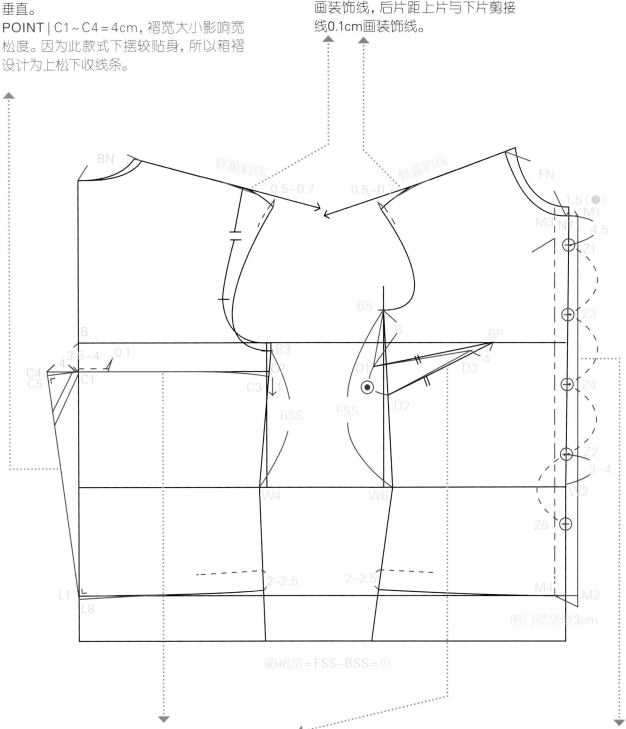

13 B~C1＝3.5~4cm，自C1画水平线至胁边线得C2；C2~C3＝1cm，弧线连接C3→C1。

POINT｜B~C1的长度决定剪接线的高低，C3→C1完成线要与后中心线、胁边线垂直。

15 B5~D1＝6cm，D1~D2＝◉，BP~D3＝4cm，直线连接D3→D1、D3→D2。

POINT｜B3~W4＝BSS（后胁边），B5~W6＝FSS（前胁边），FSS－BSS＝☉，此为胸褶宽。取好褶宽，在纸型上折叠修顺胁边线（由下往上折叠）。

16 N7~M1＝1.5cm，自M1垂直画至下摆线，此段为持出份（●）；M1~M3＝3cm，自M3垂直画至M4（M1~M3为暗门襟装饰宽）。

扣距：在中心线上N7~Z1＝4~4.5cm，W2~Z2＝3~4cm，Z1~Z2均分为三等份，Z2再往下一等份，共五颗扣子。

领子

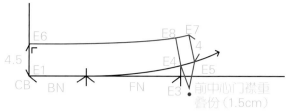

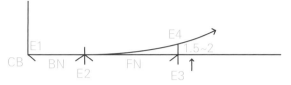

18 量取前后衣身领围，后领围（BN），前领围（FN）。

20 E4～E5＝1.5cm（●持出份），E5～E7＝4cm，E1～E6＝4.5cm，连接E7→E6。
POINT｜E3～E4越高，领型越贴合颈部。E5～E7为前领高，E1～E6为后领高，E6→E7要与后中心线、前中心线垂直。

19 自E1～E2＝BN＝8.5cm，E2～E3＝FN＝12.5cm。E3往上1.5～2cm定E4，弧线连接E4→E2，顺此弧线往外画延长线。

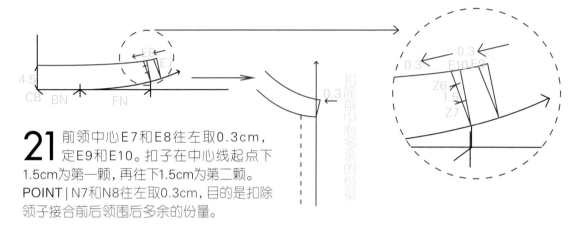

21 前领中心E7和E8往左取0.3cm，定E9和E10。扣子在中心线起点下1.5cm为第一颗，再往下1.5cm为第二颗。
POINT｜N7和N8往左取0.3cm，目的是扣除领子接合前后领围后多余的份量。

裁片缝份说明

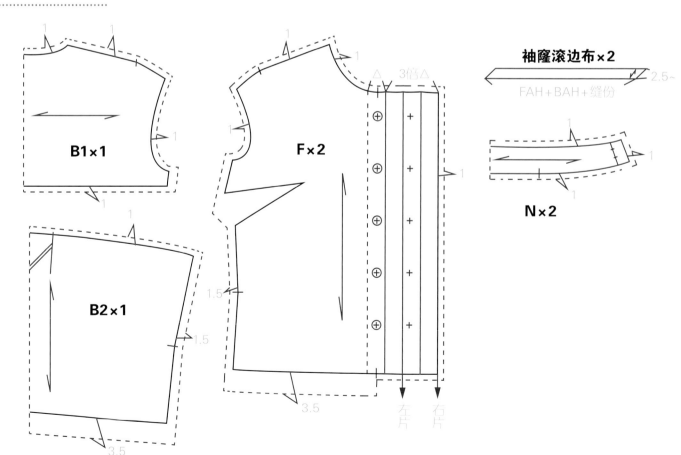

缝制 sewing

材料说明

单幅用布:(衣长+缝份)×2
双幅用布: 衣长+缝份
布衬约1m
扣子7颗

1. 车缝前片胸褶。
2. 车缝后片箱褶和剪接线。
3. 车缝前片暗门襟。
4. 车缝肩线。
5. 车缝胁边线。
6. 车缝下摆。
7. 车缝领子。
8. 车缝袖窿滚边布。
9. 开扣眼、缝扣子。

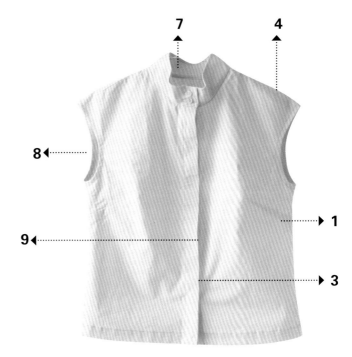

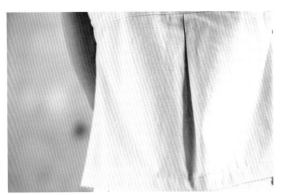

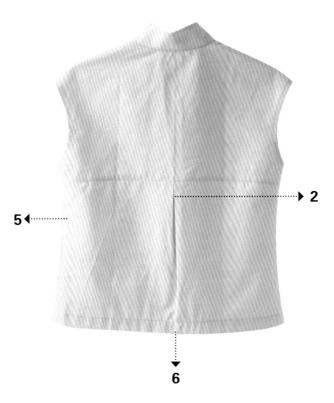

上衣・打版与制作

帽领背心

蓝内尔戴袋洋装

立领暗门襟上衣

宽松翻领袖上衣

束领直筒袖上衣

打褶剪接上衣

国民领翻折袖上衣

Preview

上衣·打版与制作

衬领背心

派内尔领接士装

立领暗门襟士衣

国民领翻折袖上衣

非领渡泡袖上衣

暗克立领接士衣

基本尺寸

上衣原型版
背长－38cm
胸围－83cm
腰围－64cm
腰长－18cm
衣长－腰下25cm
臀围－90cm
袖长－25cm

版型重点

· 国民领
· 翻折袖加袖扣设计
· 前后片有腰褶

❶ **确认款式**
国民领翻折袖上衣。

❷ **量身**
原型版、衣长、腰长、臀围、袖长。

❸ **打版**
前片、后片、领子、袖子、袖扣布。

❹ **补正纸型**
·对合前后肩线，修顺领口和袖窿。
·对合胁边，修顺袖窿和下摆。
·对合领子和前后衣身领围。
·对合袖子和衣身袖窿。

❺ **整布**
使经纬纱垂直，布面平整。

❻ **排版**
布面折双先排前后片，再排领子、袖子、袖扣布。

❼ **裁布**
前片F×2、后片B折双×1、领子N×2、袖子S×2、袖扣布S1×2。

❽ **做记号**
于完成线上做记号或做线钉（肩线、袖窿线、胁边线、领围线、下摆线、领子、袖子、袖中心和前后中心剪牙口、袖扣位置）。

❾ **烫衬**
前片贴边部位贴布衬、表领贴布衬（里领也可贴布衬）、袖扣布贴布衬。

❿ **拷克机缝**
前后片胁边线、肩线、前片贴边线、袖下线。

版型制图步骤

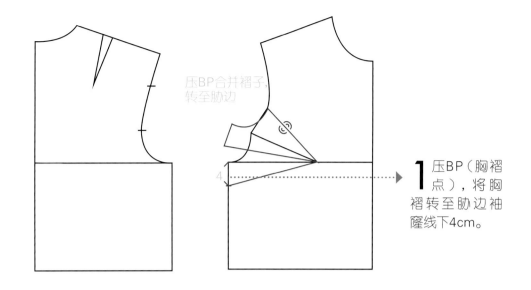

1 压BP（胸褶点），将胸褶转至胁边袖窿线下4cm。

压BP合并褶子，转至胁边

4 自B3往下垂直画线至L8；W5~W6=1.5~2cm，H2~H4=H/4+（1~1.5）+1=24.5~25cm，直线连接B4→W6→H4，延长至下摆线定L9。
POINT | H2~H4=H/4+（1~1.5）+1=24.5~25cm，+1~1.5是松份，+1是前后差。

3 B1往下垂直画线至L3；B1~B2=1cm，W3~W4=1.5~2cm，H1~H3=H/4+（1~1.5）−1=22.5~23cm，直线连接B2→W4→H3，延长至下摆线定L4。
POINT | W3~W4=1.5~2cm，往内尺寸越多，腰围线越贴身；H1~H3=H/4+（1~1.5）−1=22.5~23cm，+1~1.5是松份，−1是前后差。腰围线以下参考臀围线的松份来确定胁边的斜度。

2 W1~H1=18cm，W1~L1=28cm，分别自W1、H1、L1垂直于后中心线画线至前中心线，定W2、H2、L2。

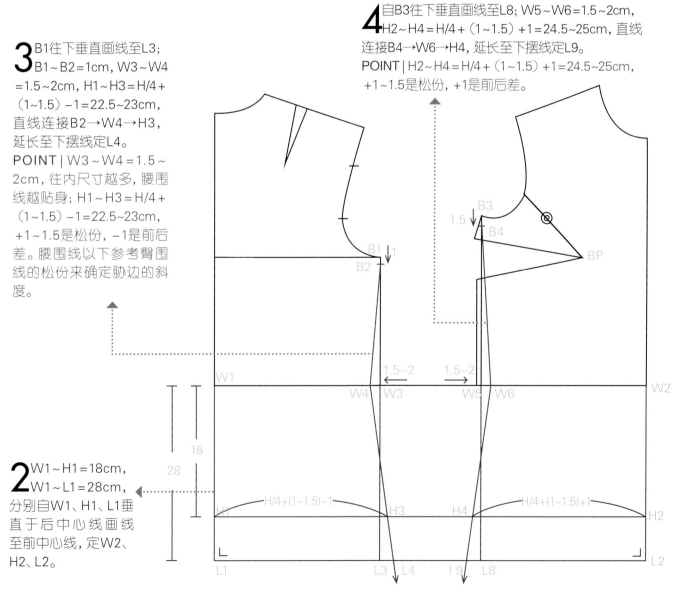

上衣・打版与制作

帽领背心

派内尔领接注装

立领暗口袋上衣

国民领翻折袖上衣

平领泡泡袖上衣

挖空口剪接注装

10 取N3~A3＝★＋0.5cm，弧线连接A3→B2，此段为后袖窿。
POINT | N3~A3＝★＋0.5cm，＋0.5是后肩缩份；注意前后袖窿要与肩线、胁边线垂直。

8 N5~N6＝0.7cm，弧线连接N6→N4。
POINT | 前领口线要与肩线、前中心线垂直。

9 N6~A1＝★，弧线连接A1→B4，此段为前袖窿。
POINT | N6~A1＝★，此段为前肩线。

12 N4~P1＝1.5cm，自P1垂直画至下摆线（P2），此段为持出份。

7 N2~N3＝0.7cm，弧线连接N3→N1。
POINT | 后领口线要与肩线、后中心线垂直。

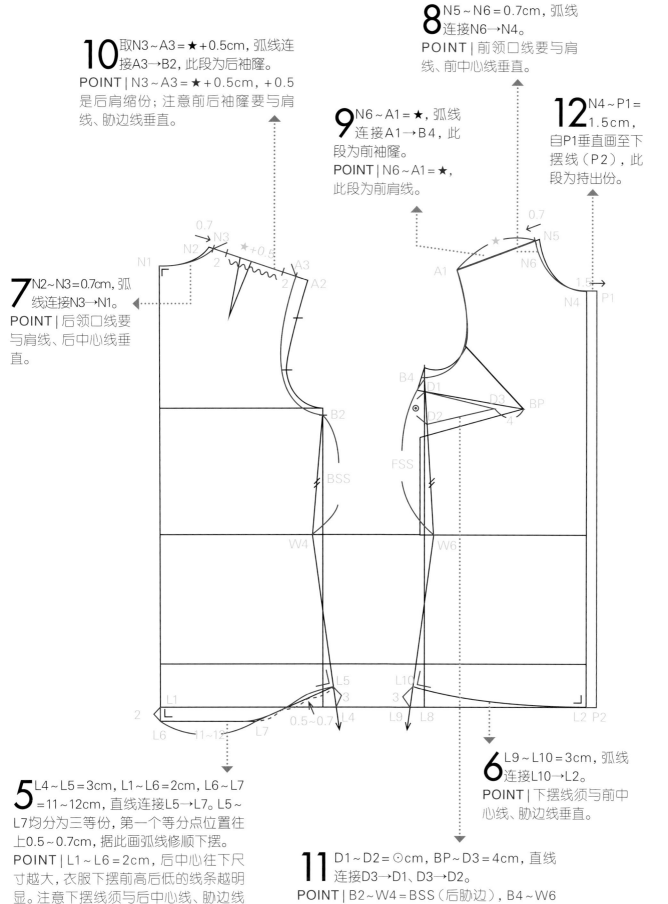

5 L4~L5＝3cm，L1~L6＝2cm，L6~L7＝11~12cm，直线连接L5→L7。L5~L7均分为三等份，第一个等分点位置往上0.5~0.7cm，据此画弧线修顺下摆。
POINT | L1~L6＝2cm，后中心往下尺寸越大，衣服下摆前高后低的线条越明显。注意下摆线须与后中心线、胁边线垂直。

11 D1~D2＝⊙cm，BP~D3＝4cm，直线连接D3→D1、D3→D2。
POINT | B2~W4＝BSS（后胁边），B4~W6＝FSS（前胁边），FSS－BSS＝⊙，此为胸褶宽。

6 L9~L10＝3cm，弧线连接L10→L2。
POINT | 下摆线须与前中心线、胁边线垂直。

13 W1~D4＝9~10cm，D4~D5＝3cm，过褶宽中心D6垂直往上画线超过胸围线2cm定D7，往下画至臀围线以上5cm定D9，直线连接D7→D4→D9、D7→D5→D9。

POINT | 褶宽尺寸越大越贴身，应配合体型来调整。

15 B2~E1＝7cm，将N6~N4均分为三等份，自E2沿与肩线平行的线取2cm定E3，直线连接E1→E3并往上画延长线；自N6画线平行于E1→E3，取后领围长（○）至E4。

POINT | B2~E1＝7cm，是国民领的翻领止点，可依款式将领口线条拉高或压低，如果为单穿款式，建议翻领止点止于胸围线以上。E1→E3往上画延长线，此线为翻领线。

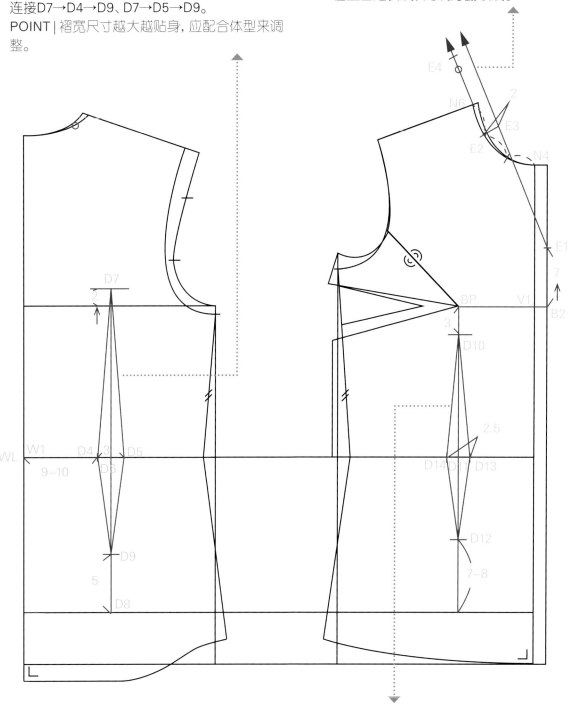

14 BP~D10＝3cm，过D10垂直往下画至腰围线交于D11，画至臀围线上7~8cm定D12，D13~D14＝2.5cm，直线连接D10→D13→D12、D10→D14→D12。

上衣·打版与制作

帽领背心

板品折新接学

□○□□□□□

国民领翻折袖上衣

中式□□□□□□□□□

□□□□接接字□□

17 后中心线上取E5～E6＝2.5cm，E6～E7＝3.5cm，由E7垂直于E5→E7画线。

POINT | E5～E6＝2.5cm，是后领腰高；E6～E7＝3.5cm，是后领宽，领宽需至少大于领腰高1cm，目的是使翻领盖住领围线。

18 自P1垂直向上定E8，P1～E8＝1cm，直线连接N4→E8并画线过E9 1cm定E10，弧线连接E7→E10。

POINT | 领外缘线要与后中心线垂直。

16 N6～E5＝N6～E4＝○（后领围），E4～E5为倾倒份3cm；自E5垂直于N6→E5画线并延长。

POINT | 倾倒份的多寡关系到领外缘线的长短，所以倾倒份的尺寸须配合领子的款式来调整，否则会有领外缘过长或不足的现象。

19 自E6慢慢画弧线连接至E3，与E5→E7垂直。

POINT | 翻领线要与E5→E7垂直。

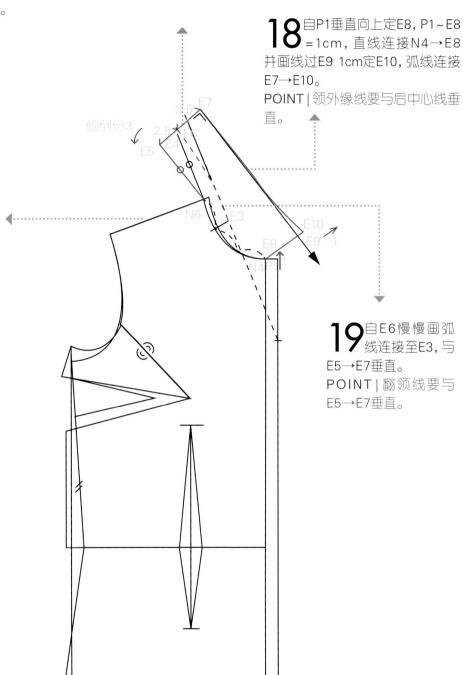

20 领子在侧颈点（N6）处要修顺线条。

POINT | 衣身的侧颈点还是在N6处。

21 扣距：前中心线与翻领线交点处是第一颗扣子（Z1），L2往上13~15cm（Z2）为第二颗扣子， Z1~Z2均分为五等份，中间有四颗扣子，全部共六颗扣子。

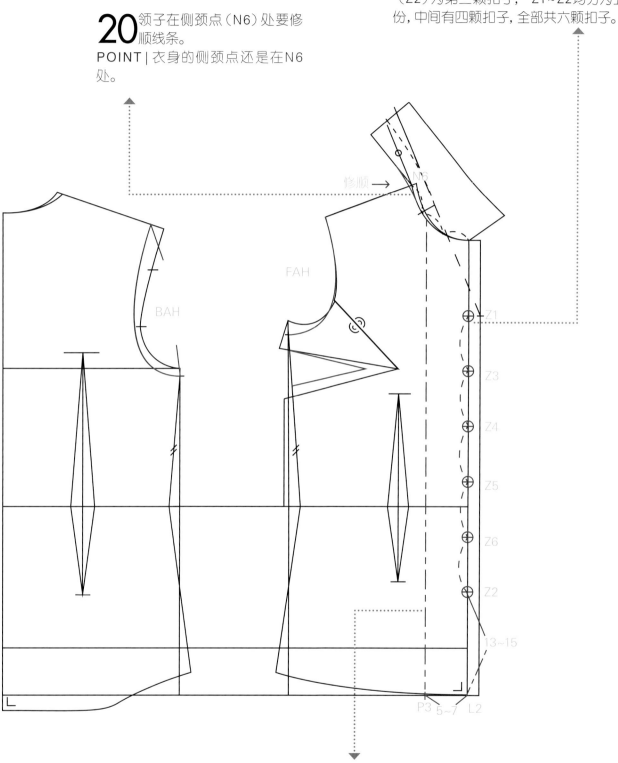

22 L2~P3＝5~7cm，自P3与前中心线平行画至领围线，此线条为前门襟贴边线。

POINT | 贴边线的宽度要超过翻领线3cm以上，否则翻领时会看到贴边线。裁布时，前门襟贴边与前片连裁。

袖子

23 利用衣身上的袖窿线条来画袖子，复制前后片线条（如图示）。前袖窿（FAH）=22cm，后袖窿（BAH）=23.5cm，袖长=25cm。

24 后片自A3往右画延长线，前片自A1往左画延长线，衣身胁边线往上画延长线（作为袖中心线），三条线交会于S1和S2，S1~S2均分为二等份，中点是S3。

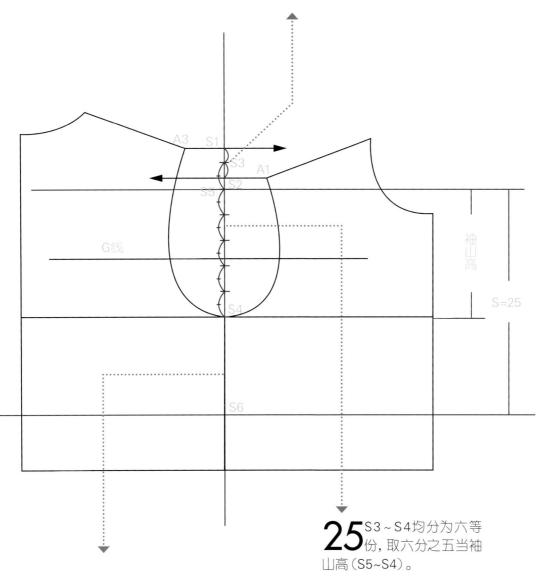

A3　S1
S3　A1
S5　S2
G线
袖山高
S=25
S4
S6

25 S3~S4均分为六等份，取六分之五当袖山高（S5~S4）。

26 取袖长S5~S6=25cm。
POINT | S5~S6为袖长，S5~S4为袖山高，袖山的高低会影响袖宽的大小，袖山越高袖宽越窄，反之，袖宽越宽。

上衣·打版与制作

帽领背心

派内尔弯接洋装

立领暗门襟上衣

国民领翻折袖上衣

平领泡泡袖上衣

抽宽片剪接洋装

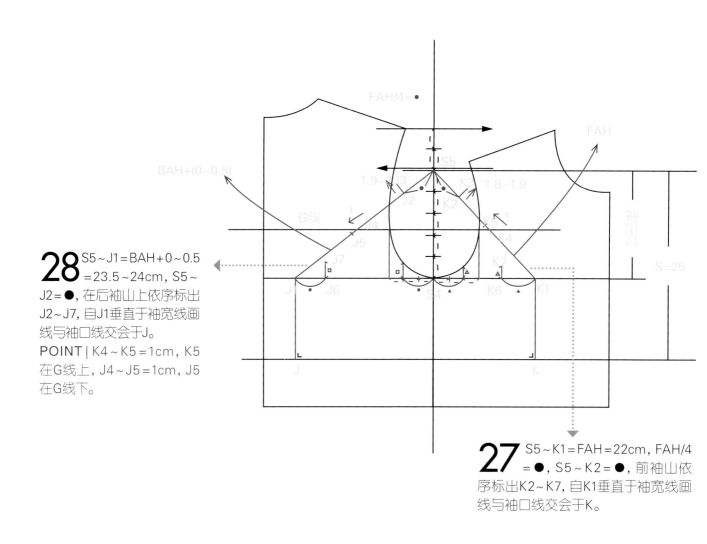

28 S5～J1＝BAH＋0～0.5
＝23.5～24cm，S5～
J2＝●，在后袖山上依序标出
J2～J7，自J1垂直于袖宽线画
线与袖口线交会于J。
POINT | K4～K5＝1cm，K5
在G线上，J4～J5＝1cm，J5
在G线下。

27 S5～K1＝FAH＝22cm，FAH/4
＝●，S5～K2＝●，前袖山依
序标出K2～K7，自K1垂直于袖宽线画
线与袖口线交会于K。

30 弧线连接S5→J3→J5→J7→J1。
POINT | 袖山最高点左右要在同一
水平线上，再修顺袖山线，线条不能有尖
角。

29 弧线连接S5→K3→K5→K7→K1。

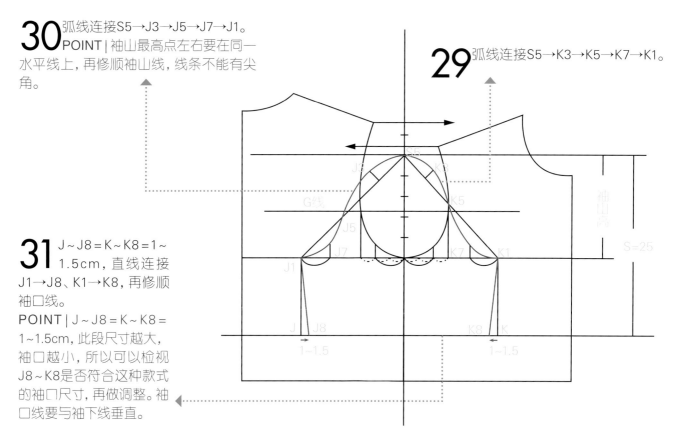

31 J～J8＝K～K8＝1～
1.5cm，直线连接
J1→J8、K1→K8，再修顺
袖口线。
POINT | J～J8＝K～K8＝
1～1.5cm，此段尺寸越大，
袖口越小，所以可以检视
J8～K8是否符合这种款式
的袖口尺寸，再做调整。袖
口线要与袖下线垂直。

34 依袖子版型上的袖扣布再描一份，与底部线条平行往下2cm再画一条水平线，此为袖扣布的裁片。
POINT | 底部平行往下加长2cm，此份量为袖扣布车缝在袖口下摆缝份内的尺寸。

33 自R1～R6依序画出袖扣布位置。
POINT | 袖扣布宽度和长度可依设计确定。

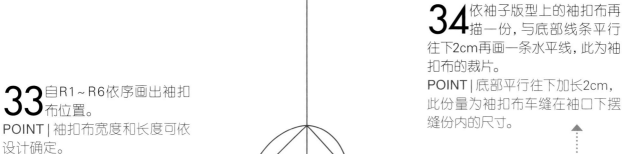

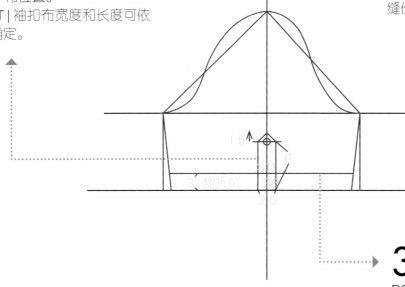

袖扣布

32 S6～S11＝3cm，过S11与袖口线平行画线至袖下线。
POINT | S6～S11＝3cm，为袖口翻折宽，可依设计确定大小。

修版

袖口留双份翻折宽，再留一份翻折宽当缝份，袖口翻折后修顺袖下线。

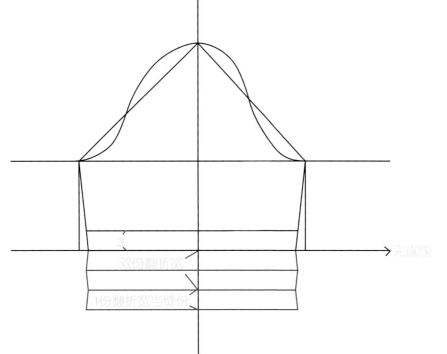

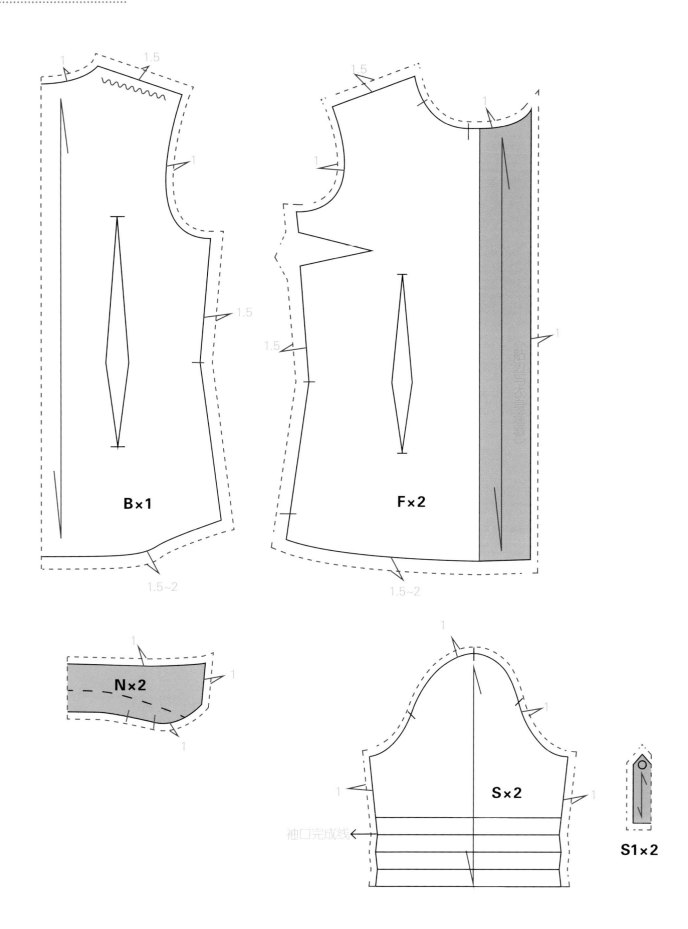

缝制 sewing

材料说明

单幅用布：（衣长＋缝份）×2＋（袖长＋缝份）

双幅用布：（衣长＋缝份）＋（袖长＋缝份）

布衬约1m

扣子6颗

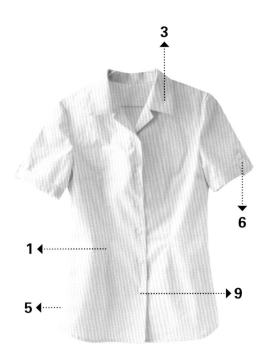

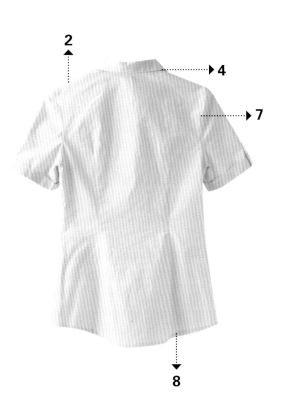

1. 车缝前后片褶子。
2. 前缝前后片肩线。
3. 车缝表里领。
4. 接缝领子与前后片领围线。
5. 车缝前后片胁边线。
6. 车缝袖扣布。
7. 接缝袖子与前后片袖窿线。
8. 车缝前后片下摆。
9. 开扣眼、缝扣子。

上衣・打版与制作

帽领背心

派内尔鹿接袖装

立领暗门襟衬衫

国民领翻折袖上衣

平领泡泡袖上衣

拉克兰接袖衫

圆领泡泡袖上衣

Preview

基本尺寸

上衣原型版
背长－38cm
胸围－83cm
腰围－64cm
腰长－18cm
衣长－腰下28cm
臀围－90cm
袖长－18cm

版型重点

· 平领
· 前片塔克设计
· 泡泡袖（袖山抽细褶，袖口做箱褶）

❶ 确认款式

平领泡泡袖上衣。

❷ 量身

原型版、衣长、腰长、臀围、袖长。

❸ 打版

前片、后片、领子、袖子、袖口布。

❹ 补正纸型

·对合前后肩线，修顺领口和袖窿。
·对合胁边，修顺袖窿和下摆。
·对合领子和前后衣身领围。
·对合袖子和衣身袖窿。

❺ 整布

使经纬纱垂直，布面平整。

❻ 排版

布面折双先排前后片，再排领子、袖子、袖口布和领子滚边布。

❼ 裁布

前片F2×2、前片塔克F1×2、前门襟贴边×1、后片B折双×1、领子N×2、领子滚边布×1、袖子S×2、袖口布S1×2。

❽ 做记号

于完成线上做记号或做线钉（肩线、袖窿线、胁边线、领围线、下摆线、领子、袖子、袖中心和前后中心剪牙口）。

❾ 烫衬

前片贴边贴布衬、表领贴布衬（里领也可贴布衬）、袖口布贴布衬。

❿ 拷克机缝

前后片胁边线、肩线、前片贴边线、袖下线。

版型制图步骤

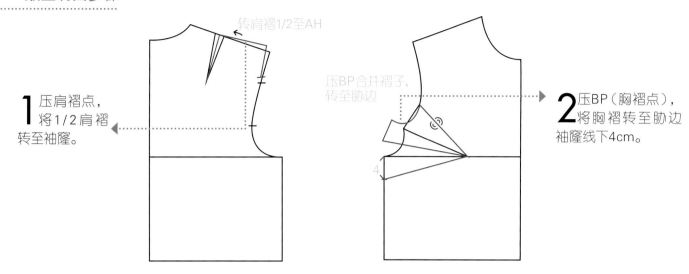

1 压肩褶点，
将1/2肩褶
转至袖窿。

转肩褶1/2至AH

2 压BP（胸褶点），
将胸褶转至胁边
袖窿线下4cm。

压BP合并褶子，
转至胁边

5 自B4垂直向下画线至下摆线上的点L6，此线
与腰围线交会定W4，与臀围线交会定H4。
B4垂直向下定B5，B4~B5=1.5cm。
POINT | 前片胁边下摆没有和后片一样往外加
2.5cm，是因为前片会利用胸褶转移至下摆的方
式增加下摆宽度，使前片产生A字线条。

4 B1往外1cm至B2，自B2垂直向下画线至L3；
B2~B3=1cm，L3~L4=2.5cm，直线连接
B3→L4，与腰围线交会定W3，与臀围线交会定
H3。
POINT | B1~B2尺寸越大，上衣越宽松，B2~
B3尺寸越大，袖窿越大。

3 W1~H1=18cm，W1~L1=
28cm，分别自W1、H1、L1垂
直于后中心线画线至前中心线定
W2、H2、L2。

6 后片L1~L4均分三等份，自第
一个等分点画线垂直于胁边
线定L5，再依据L5位置修顺下摆
线。

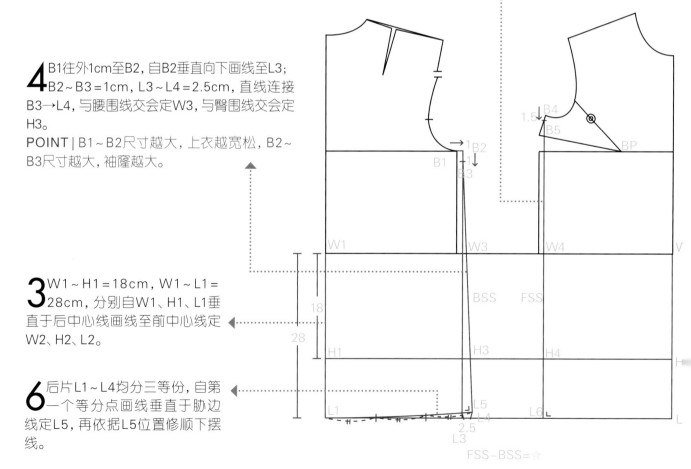

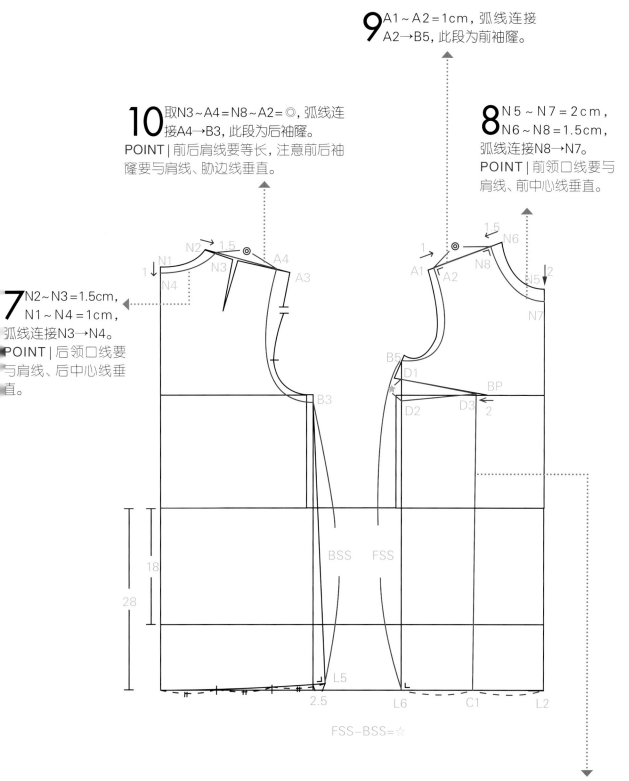

9 A1~A2=1cm，弧线连接
A2→B5，此段为前袖窿。

10 取N3~A4=N8~A2=◎，弧线连
接A4→B3，此段为后袖窿。
POINT | 前后肩线要等长，注意前后袖
窿要与肩线、胁边线垂直。

8 N5~N7=2cm，
N6~N8=1.5cm，
弧线连接N8→N7。
POINT | 前领口线要与
肩线、前中心线垂直。

7 N2~N3=1.5cm，
N1~N4=1cm，
弧线连接N3→N4。
POINT | 后领口线要
与肩线、后中心线垂
直。

FSS-BSS=☆

11 D1~D2=★，BP~D3=2cm，直线连接
D3→D1、D3→D2。L2~L6均分为二等
份，中点为C1，直线连接D3→C1。
POINT | B3~L5=BSS（后胁边），B5~L6=
FSS（前胁边），FSS-BSS=★，此为胸褶宽。
D3→C1为切展线，可将胸褶转移至下摆。

上衣·打版与制作

帽领背心

派内衫罩接连衣

立势迥·莲衣

国际领袖折袖上衣

平领泡泡袖上衣

拉克兰前接袋衣

14 N7~C2＝2.5~3cm,自C2往左以2cm为间隔画前中心线的平行线,起点分别为C3、C4、C5、C6,终点落在塔克布剪接线上,每条线标记切展1cm。

POINT | 这几条间距相等的平行线为塔克剪接线位置,切展分量1cm,即塔克压线完成宽0.5cm,可依设计确定位置和压线宽度。

13 N8~Y1＝4cm,沿前中心线定胸围线往下2cm的点Y2,Y2~Y3＝8cm,直接连接Y1→Y3、Y3→Y2;Y3~Y4＝1.5~2cm,弧线连接Y1→Y4→Y2。

POINT | 此线条为塔克布剪接线,可依设计确定位置和尺寸。

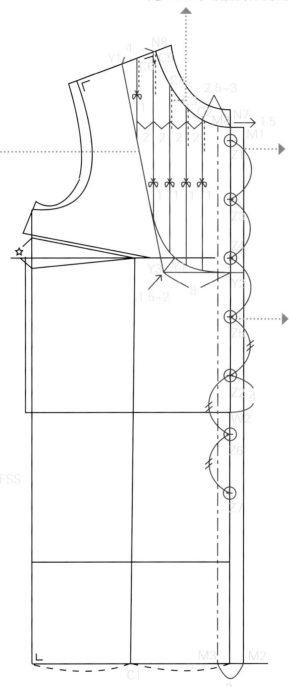

12 N7~M1＝1.5cm,自M1垂直向下画线至下摆线上的点M2,此段为持出份;M2~M3＝3cm,自M3垂直画至M4(此线为门襟贴边线)。

POINT | 门襟贴边可单裁,亦可和前片连裁。

15 扣距:中心线起点N7往下1.5cm定Z1,W2~Z2＝4cm,Z1~Z2均分为四等份,有五颗扣子,Z2再往下二等份,共七颗扣子。

POINT | 此款式为七颗扣子设计,亦可再往下多缝一颗,共八颗扣子。

领子

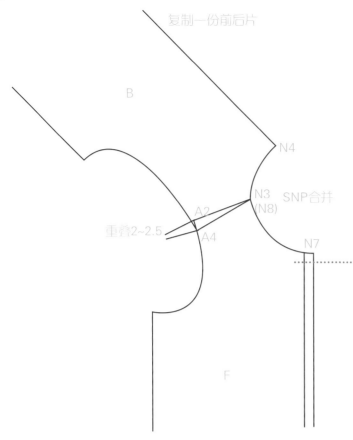

上衣・打版与制作

帽领背心

派内尔剪接洋装

立领喇叭袖上衣

圆弧领翻折袖上衣

平领泡泡袖上衣

拉克兰剪接洋装

16 将前后片领围（N3和N8）合并，描绘领围线和前后中心线；前后肩线（A2和A4）重叠2~2.5cm，画出袖窿线。如图描绘各线条。

POINT | 前后片领围（N3和N8）合并，不能重叠或分开，否则会影响领子和衣身领围的接合尺寸。前后肩线（A2和A4）重叠份2~2.5cm，可依设计调整重叠尺寸，重叠份越少，领子外缘线越长，领子披下来越多。

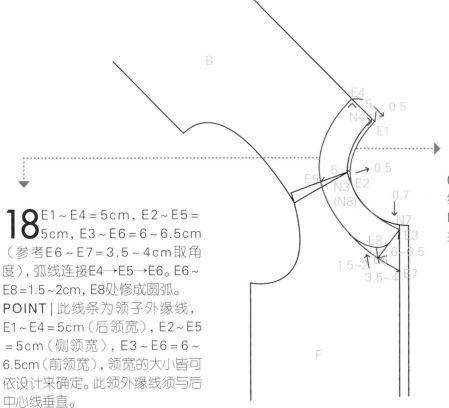

17 N4~E1＝0.5cm，（N3、N8）~E2＝0.5cm，N7~E3＝0.7cm，弧线连接E1→E2→E3。

POINT | 此线条为领围线，须与后中心线垂直。

18 E1~E4＝5cm，E2~E5＝5cm，E3~E6＝6~6.5cm（参考E6~E7＝3.5~4cm取角度），弧线连接E4→E5→E6。E6~E8＝1.5~2cm，E8处修成圆弧。

POINT | 此线条为领子外缘线，E1~E4＝5cm（后领宽），E2~E5＝5cm（侧领宽），E3~E6＝6~6.5cm（前领宽），领宽的大小皆可依设计来确定。此领外缘线须与后中心线垂直。

袖子

量取前后衣身上的袖窿尺寸，前袖窿（FAH），后袖窿（BAH）。

19 S1~S2＝18cm，S1~S3＝14.5cm，过S3和S2分别画出垂直于袖中心线的水平线。
POINT | S1~S2为袖长，S1~S3为袖山高，袖山的高低会影响袖宽的大小，因为此款袖山有细褶份，所以袖山高可以增加一点。

20 S1~S4＝FAH（21.7cm），S1~S5＝BAH（23.5cm）+0.5cm，由S4和S5垂直向下画线，定S6、S7。

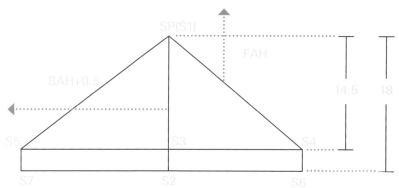

21 S1~S4均分为四等份，一等份为○，在前袖山上依序标出M1~M6，弧线连接S1→M4→M5→M6→S4。

22 在后袖山上M1的对应位置定M7，M7~M9＝1.9~2cm，弧线连接S1→M8→M9→S5。

23 距S1→S2左右各5cm分别平行画出一条切展线，K2处在袖山上打开1cm，S1处在袖山上打开3cm，K4处在袖山上打开1.5cm。
POINT | 袖山切展的份量是细褶份，打开尺寸越大，细褶份越多，袖子越膨，后袖缝份比前片多些。

袖口布

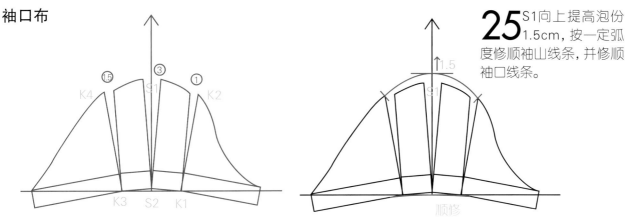

24 切展三条线，S2、K1和K3处不打开，袖山上展开所需尺寸。

25 S1向上提高泡份1.5cm，按一定弧度修顺袖山线条，并修顺袖口线条。

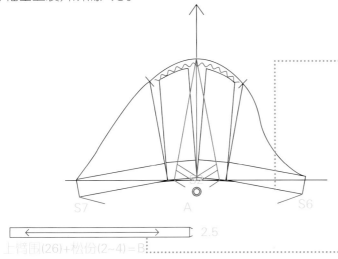

27 S6～S7＝A，袖口布长为B，A－B＝箱褶份（◎），在S2左右取箱褶宽（◎），画箱褶记号至袖山。

26 袖口布宽2.5cm，长为（上臂围＋松份）＝26＋2～4＝28～30cm。
POINT｜袖口布宽可依设计确定，但袖口布长要依据个人的上臂围和需要的松份来确定。

修版

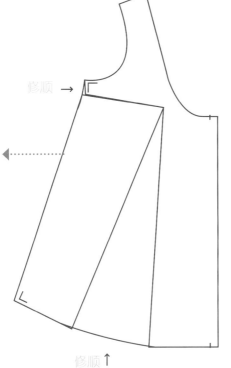

29 D3～C1直线切开，胁边D1～D2折叠修顺，下摆线与前中心线、胁边线垂直修顺。

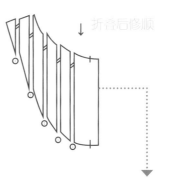

28 沿塔克剪接线剪开，打开所需份量，再折叠修顺。
POINT｜塔克纸型也可不展开，先在布上压褶，再将原纸型放上去裁布。（参见p.50）

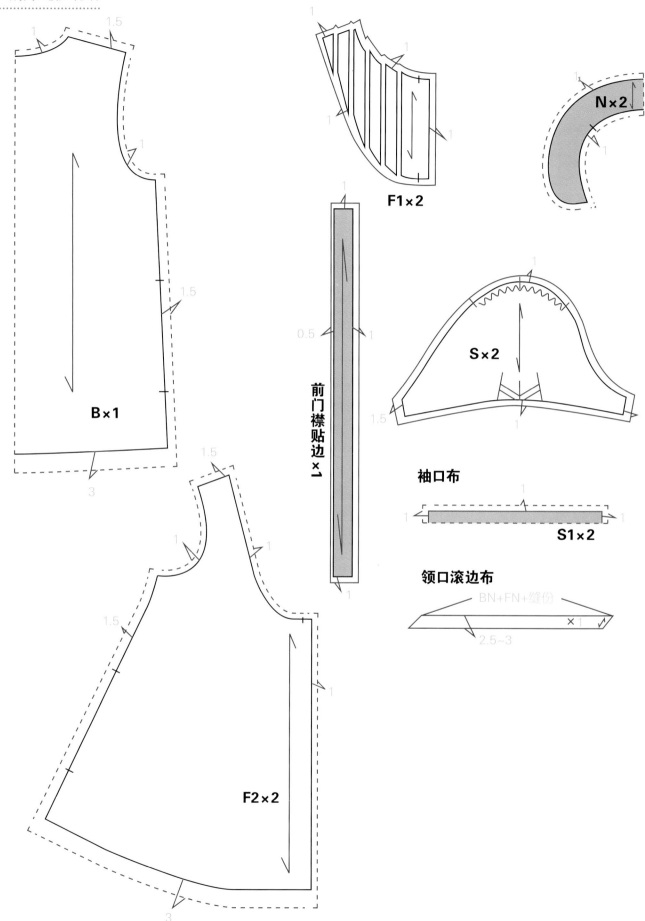

B×1

F1×2

N×2

前门襟贴边×1

S×2

袖口布

S1×2

领口滚边布

BN+FN+缝份

2.5~3

F2×2

缝制 sewing

材料说明

单幅用布:(衣长+缝份)×2+(袖长+缝份)

双幅用布:(衣长+缝份)+(袖长+缝份)

布衬约1m

扣子7颗

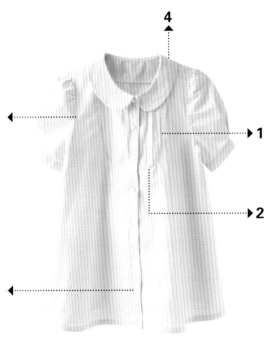

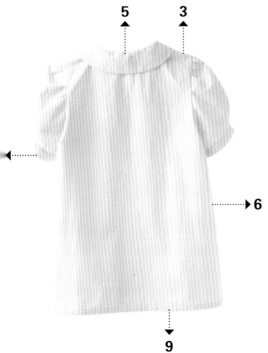

1. 车缝塔克。
2. 接缝前片和塔克。
3. 车缝前后片肩线。
4. 车缝领子。
5. 接缝领子与衣身领围。
6. 车缝前后片胁边。
7. 车缝袖子袖口布。
8. 接缝袖子与衣身袖窿。
9. 车缝下摆。
10. 开扣眼、缝扣子。

拉克兰剪接洋装

Preview

基本尺寸

上衣原型版
背长－38cm
胸围－83cm
腰围－64cm
腰长－18cm
臀围－90cm
腰下衣长－40cm

版型重点

· 拉克兰剪接
· 袖口和领围松紧带设计

❶ 确认款式
拉克兰剪接洋装。

❷ 量身
原型版、衣长、腰长、袖长。

❸ 打版
前片、后片、袖子、领口松紧带滚边布。

❹ 补正纸型
· 前后肩线合并，展开松紧带份量，修顺领口和袖口线。
· 对合袖子袖下线，修顺袖窿和下摆。
· 对合前后衣身胁边线，修顺袖窿和下摆。
· 对合袖子和衣身袖窿剪接线。

❺ 整布
使经纬纱垂直，布面平整。

❻ 排版
布面折双先排前后片，再排袖子和领口滚边布。

❼ 裁布
前片F折双×1、后片B折双×1、袖子S×2、领口滚边布×1。

❽ 做记号
于完成线上做记号或做线钉（肩线、袖窿线、胁边线、领围线、下摆线、袖子、袖中心和前后中心剪牙口、拉克兰剪接做对合记号）。

❾ 烫衬
此款式不用贴衬。

❿ 拷克机缝
前后片胁边线、前后片和袖子（车缝剪接线后再合拷）、袖下线。

版型制图步骤

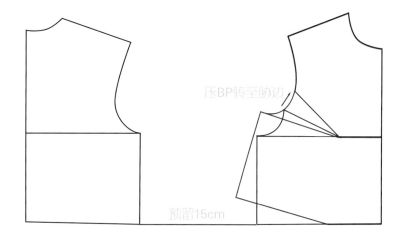

1 压BP（胸褶点），将胸褶转至胁边腰围线。

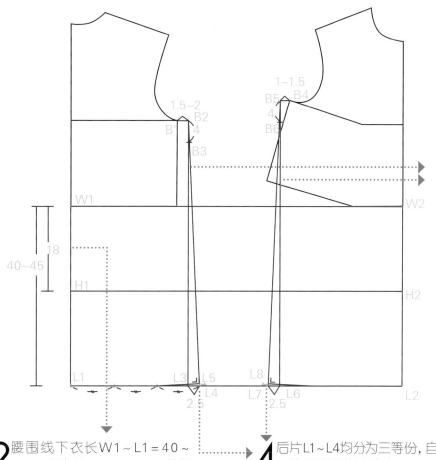

3 B1~B2=1.5~2cm，自B2垂直向下画线至L3；L3~L4=2.5cm，B2~B3=4cm，连接B3→L4。前片同后片画法（B4~B5=1~1.5cm）。

POINT | B1~B2、B4~B5尺寸越大，衣服越宽松；L3~L4、L6~L7尺寸越大，下摆越宽，下摆的宽度也会影响臀围的宽松份。

2 腰围线下衣长W1~L1=40~45cm，腰长W1~H1=18cm，分别自W1、H1、L1垂直于后中心线画线至前中心线，定W2、H2、L2。

POINT | W1~L1=40~45cm，可依个人设计增减衣身长度，短版当上衣，长版当洋装。

4 后片L1~L4均分为三等份，自第一个等分点画线垂直于胁边线定L5，L4~L5=△，再据此修顺下摆，前片L7~L8=L4~L5=△，自L8垂直于胁边线画至下摆线，再修顺。

上衣·打版与制作
帽领背心
荷叶剪接背心
口袋领片长版上衣
图案领摆饰上衣
无领宽前襟上衣
拉克兰剪接洋装

5 N1~N3＝3.5cm，N2~N4＝5cm，弧线连接N3→N4。N3~N5＝4cm，自N5垂直向下画至下摆线。

POINT｜领口线要与肩线、后中心线垂直，N3~N4决定领口大小，可依个人设计而变动。N3~N5为增加的领口松紧带的份量，亦会增加衣身的宽松度，可依个人设计而变动。

8 N9→A3＝A2~N4＝☆，前后肩线等宽。

7 A1~A2＝2cm，A2~N4＝★，为小肩宽完成尺寸。

6 N6~N8＝6cm，N7~N9＝5cm，自N9垂直于肩线画线，自N8垂直于前中心线画线，交会于N10，N10~N11＝2cm，弧线连接N9→N11→N8。

POINT｜领口线要与肩线、前中心线垂直。

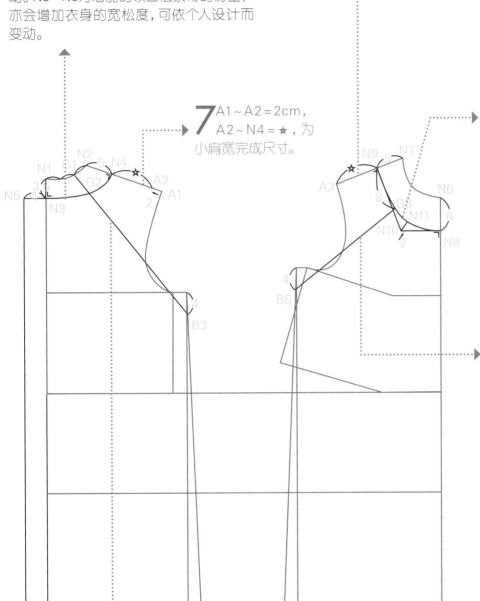

10 N9~G3＝8cm，连接G3→B6。

POINT｜步骤9和10连接的线为前后两条拉克兰线的基础线，线的高低可依款式而调整。

9 N1~N2均分为三等份，G1为其中一个等分点，连接G1→B3，与领围线交会于G2。

217

11 G2～B3均分为四等份，
G4～G7＝0.8～1cm，
G6～G8＝0.8～1cm，弧线连接
G2→G7→G5→G8→B3。
POINT｜以上参考点尺寸皆可变
动，拉克兰线的弧度可大可小，
依设计而改变。

12 G3～B6均分为四等份，
G9～G12＝0.5～0.7cm，
G11～G13＝1～1.2cm，弧线连接
G3→G12→G10→G13→B6。

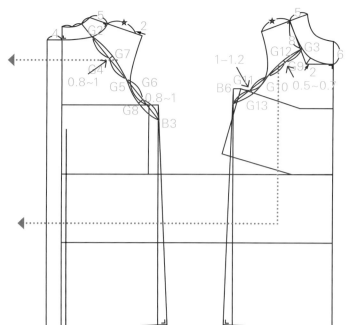

13 顺着肩线取直线A2～S1＝20cm，
A2～A1＝2cm。S1顺着A2→S1的垂直线
下降4cm定S2，连接A1→S2。
POINT｜A2～S1是袖长，可依设计调整长度，
此款为短泡袖。S1～S2的尺寸越大，袖子的活
动量越小，此时袖山高要增加。

14 A2～S3＝10cm，自S3画
A1→S2的垂直线（即袖
宽线），自G5画弧线G5→B3的
反方向弧线，刚好与袖宽线交于
S4。
POINT｜A2～S3＝10cm，此段为
袖子袖山高，袖山高尺寸越小，
活动余地越大。

15 自S2画A1→S2的垂直
线，取S2～S5＝20cm，弧
线连接S4→S5。
POINT｜S2～S5是后袖宽，此款
为泡袖，所以加入了松紧带份
量，可以依照设计增减尺寸。注
意袖下线要与袖口成垂直。

18 自S8画S7→S8的垂直
线，取S8～S11＝18cm，
弧线连接S10→S11。
POINT｜S4～S5＝S10→S11＝△，
对合前后袖下线，确保等长。

16 顺着肩线取直线
A3～S6＝20cm，
A3～S7＝2cm，S6顺着
A3→S6的垂直线下降
4cm定S8，连接S7→S8。

17 A3～S9＝10cm，自S9画
S7→S8的垂直线（即袖
宽线），自G10画G10→B6的反
方向弧线，刚好与袖宽线交于
S10。

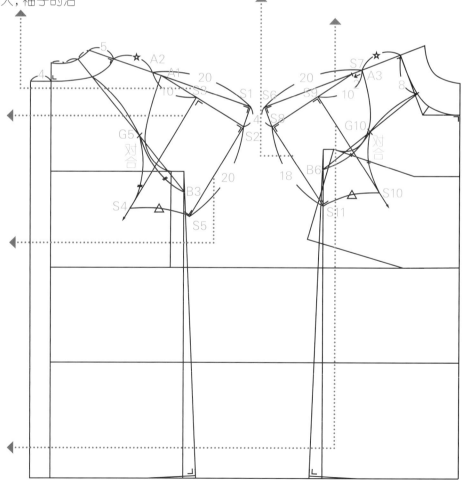

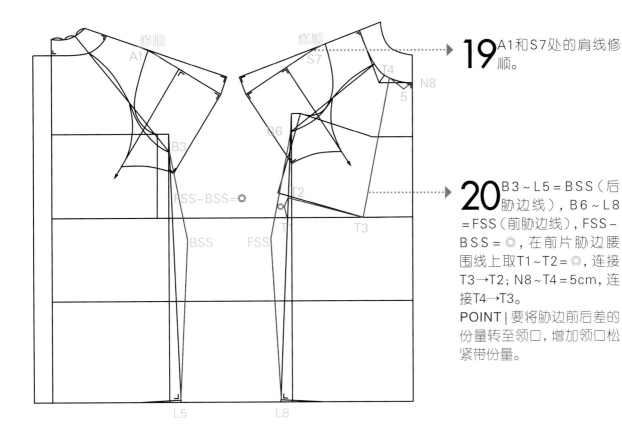

19 A1和S7处的肩线修顺。

20 B3~L5＝BSS（后胁边线），B6~L8＝FSS（前胁边线），FSS－BSS＝◎，在前片胁边腰围线上取T1~T2＝◎，连接T3→T2；N8~T4＝5cm，连接T4→T3。

POINT | 要将胁边前后差的份量转至领口，增加领口松紧带份量。

修版

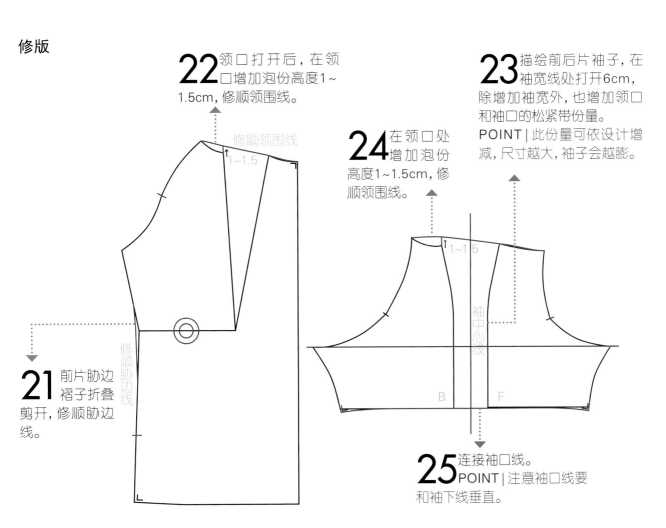

21 前片胁边褶子折叠剪开，修顺胁边线。

22 领口打开后，在领口增加泡份高度1~1.5cm，修顺领围线。

23 描绘前后片袖子，在袖宽线处打开6cm，除增加袖宽外，也增加领口和袖口的松紧带份量。

POINT | 此份量可依设计增减，尺寸越大，袖子会越膨。

24 在领口处增加泡份高度1~1.5cm，修顺领围线。

25 连接袖口线。

POINT | 注意袖口线要和袖下线垂直。

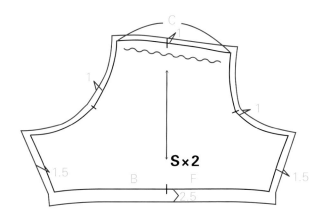

领口滚边布×1

长：（A+B+C）X2+5cm（含缝份）
宽：2.5~3cm（松紧带宽1cm+缝份）

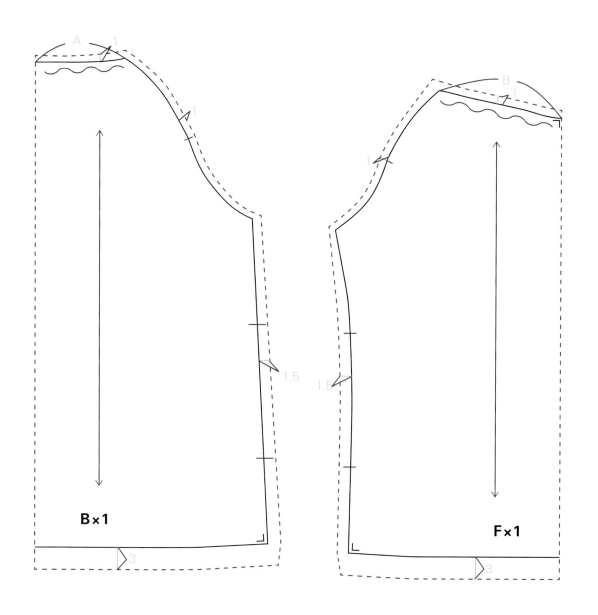

缝制 sewing

材料说明

单幅用布：（衣长+缝份）×2 +（袖长+缝分）

双幅用布：（衣长+缝份）+（袖长+缝分）

松紧带约2m

上衣·打版与制作

辐烫背心

菲尔堂锦上衣

身窗连上衣

国民领护档女衣

平领立裁袖上衣

拉克兰剪接洋装

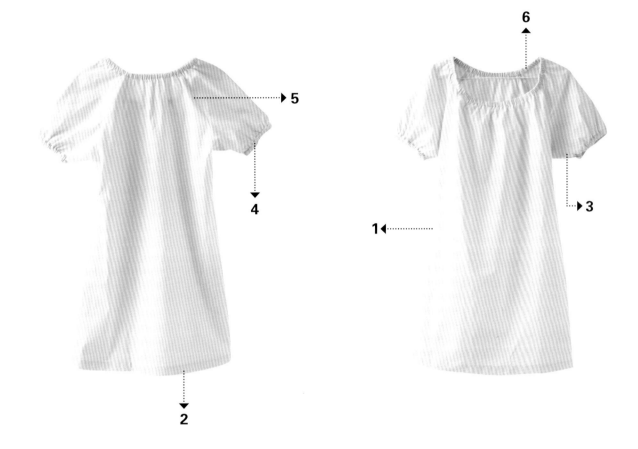

1. 车缝前后片衣身胁边，缝份烫开。
2. 车缝前后片衣身下摆，二折三层车缝。
3. 车缝左右袖子袖下线，缝份烫开。
4. 车缝袖口松紧带。
5. 左右袖子接缝前后片衣身，缝份合拷。
6. 领口车缝松紧带。

图书在版编目（CIP）数据

服装制作基础事典.2/郑淑玲著. —郑州：河南科学技术出版社，2016.1（2021.9重印）

ISBN 978-7-5349-7989-7

Ⅰ.①服… Ⅱ.①郑… Ⅲ.①服装–生产工艺 Ⅳ.①TS941.6

中国版本图书馆CIP数据核字（2015）第251518号

出版发行：河南科学技术出版社

　　　　　地址：郑州市郑东新区祥盛街27号　　邮编：450016

　　　　　电话：（0371）65737028　65788613

　　　　　网址：www.hnstp.cn

策划编辑：李　洁

责任编辑：杨　莉

责任校对：窦红英

封面设计：张　伟

责任印制：张艳芳

印　　刷：河南瑞之光印刷股份有限公司

经　　销：全国新华书店

幅面尺寸：210 mm×280 mm　　印张：14　　字数：387千字

版　　次：2016年1月第1版　　2021年9月第5次印刷

定　　价：88.00元